中文版

Photoshop+CorelDRAW

商业案例
项目设计 完全解析

王淑媛 编著

清华大学出版社

北京

内 容 简 介

本书是一本商业案例用书，全方位地讲述了综合使用Photoshop与CorelDRAW设计的常用的12类商业案例。本书共分为12章，具体包括标志设计、VI设计、POP促销设计、DM设计、海报广告设计、报纸广告设计、杂志广告设计、户外广告设计、包装设计、网页设计、网店首屏广告设计、UI设计等内容。本书涵盖了日常工作中所使用的全部工具与命令，并涉及平面设计行业中的各类常见任务。

本书附赠案例的素材文件、效果文件和视频教学文件，同时还提供了PPT课件，以提高读者的学习兴趣、实际操作能力以及工作效率，读者在学习过程中可参考使用。

本书着重以案例形式讲解平面设计知识，针对性和实用性较强，不仅可以使读者巩固学到的Photoshop与CorelDRAW技术技巧，更是读者在以后实际学习和工作中的参考手册。本书可以作为各大院校、培训机构的教学用书，以及读者自学Photoshop与CorelDRAW的参考书。

图书在版编目(CIP)数据

中文版 Photoshop+CorelDRAW 商业案例项目设计完全解析 / 王淑媛编著 . —北京：清华大学出版社，2020.6
ISBN 978-7-302-55441-7

Ⅰ . ①中… Ⅱ . ①王… Ⅲ . ①图像处理软件 Ⅳ . ① TP391.413

中国版本图书馆 CIP 数据核字 (2020) 第 088833 号

责任编辑：韩宜波
封面设计：李　坤
责任校对：吴春华
责任印制：杨　艳

出版发行：清华大学出版社
　　　　网　　　址：http://www.tup.com.cn，http://www.wqbook.com
　　　　地　　　址：北京清华大学学研大厦 A 座　　　　邮　　编：100084
　　　　社 总 机：010-62770175　　　　　　　　　　邮　　购：010-62786544
　　　　投稿与读者服务：010-62776969，c-service@tup.tsinghua.edu.cn
　　　　质 量 反 馈：010-62772015，zhiliang@tup.tsinghua.edu.cn
印 装 者：小森印刷（北京）有限公司
经　　销：全国新华书店
开　　本：190mm×260mm　　印　　张：14.5　　字　　数：386 千字
版　　次：2020 年 7 月第 1 版　　印　　次：2020 年 7 月第 1 次印刷
定　　价：69.80 元

产品编号：084280-01

Adobe Photoshop简称PS，是由Adobe Systems公司开发和发行的图像处理软件。Photoshop作为Adobe公司旗下最著名的图像处理软件，其应用范围覆盖整个图像处理和平面设计行业。

CorelDRAW是由加拿大的Corel公司推出的一款功能十分强大的平面设计软件，该软件拥有丰富多彩的内容和非常专业的平面设计能力，是将图像设计、文字编辑、排版集于一体的大型矢量图制作软件，也是在平面设计领域比较受欢迎的软件之一。

基于Photoshop与CorelDRAW在平面设计行业的应用程度之高，所以本书将通过一些商业案例，介绍Photoshop与CorelDRAW在平面设计行业中的具体应用。商业案例的制作步骤包括：设计思路、配色分析、构图布局、设计方案。

本书使用Photoshop CC和CorelDRAW X8中文版软件，根据编者多年的平面设计工作经验，通过理论结合实际的操作形式，系统地介绍Photoshop与CorelDRAW软件在现实生活中涉及的12个行业领域，具体包括标志设计、VI设计、POP促销设计、DM设计、海报广告设计、报纸广告设计、杂志广告设计、户外广告设计、包装设计、网页设计、网店首屏广告设计和UI设计等内容。本书本章至少对两个案例进行详解和分析，详细地解释操作步骤和方案设计，并阐释了一些美学和设计方面的理论知识，而且还列举了许多优秀的设计作品以供欣赏，希望读者在学习各章内容后通过欣赏优秀作品既能够缓解学习的疲劳，又能提升审美品位。

本书内容安排具体如下。

第1章为标志设计。主要通过讲述标志的概述及作用、分类、设计原则等方面来学习标志设计。

第2章为VI设计。主要通过讲述VI设计的概述及作用、应用要素、应用系统、设计原则等方面来学习VI设计。

第3章为POP促销设计。主要通过讲述POP促销设计的概述及作用、应用要素、设计原则等方面来学习POP促销设计。

第4章为DM设计。主要通过讲述DM设计概述及作用、分类、组成要素、优势等方面来学习户外广告设计。

第5章为海报广告设计。主要通过讲述海报广告设计概述、分类、应用形式、设计步骤、设计元素等方面来学习海报广告设计。

第6章为报纸广告设计。主要通过讲述报纸广告设计的概述与应用、分类、客户需求、优势与劣势等方面来学习报纸广告设计。

第7章为杂志广告设计。主要通过讲述杂志广告设计的概述与应用、特点、常用类型、制作要求等方面来学习杂志广告设计。

第8章为户外广告设计。主要通过讲述户外广告设计的概述与应用、特点、广告形式、制作要求等方面来学习户外广告设计。

第9章为包装设计。主要通过讲述包装设计的概述与应用、分类、构成要点等方面来学习包装设计。

第10章为网页设计。主要通过讲述网页设计的概述与应用、布局分类形式、制作要求、网页配色的概念及网页安全色等方面来学习网页设计。

第11章为网店首屏广告设计。主要通过讲述网店首屏广告的概述与应用、分类形式、文字排版形式等方面来学习网站首屏广告的设计。

第12章为UI设计。主要通过讲述UI设计的概述与应用、分类、色彩基础、设计原则等方面来学习UI设计。

本书摒弃了繁杂的基础内容和烦琐的操作步骤，力求精简的操作步骤实现最佳的视觉设计效果，为了让读者更好地吸收知识，提高自己的创作水平，在案例制作讲解过程中，还给出了实用的软件功能技巧提示以及设计技巧提示，可供读者扩展学习。全书结构清晰，语言浅显易懂、案例丰富精彩，兼具实用手册和技术参考手册的特点，具有很强的实用性和较高的技术含量。

本书由淄博职业学院的王淑媛老师编写，其他参与编写的人员还有沈桂军、关向东、刘丹、王凤展、卜彦波、祁淑玲、吴忠民、袁震寰、田秀云、李垚、郎琦、谢振勇、霍宏、王威、王建红、程德东、杨秀娟、刘琳、张文超、刘红卫、肖志勇、曹培强、曹培军等，在此表示感谢。

由于作者知识水平有限，书中难免有疏漏和不妥之处，恳请广大读者批评、指正。

编　者

目录

第1章　标志设计　001

第2章　VI设计　015

038

第3章　POP促销设计

第4章 DM设计 054

第5章 海报广告设计 077

097

第6章　报纸广告设计

113

第7章　杂志广告设计

第8章 户外广告设计 129

152　　　　　　　　　　　　　　　　　**第9章　包装设计**

171　　　　　　　　　　　　　　　　　**第10章　网页设计**

第11章 网店首屏广告设计 188

第12章 UI设计 202

本章重点：

➢ 标志的概述及作用
➢ 标志的分类
➢ 标志的设计原则

➢ 商业案例——医院标志设计
➢ 商业案例——运动标志设计
➢ 优秀作品欣赏

01
第 1 章
标志设计

标志设计也被称为Logo设计，是整个VI视觉识别系统中的灵魂。因此我们在标志设计之初就必须了解并依据相应的设计规则和要求进行设计，这样才能更加符合市场的需求。

本章从标志的分类、设计原则等方面着手，通过对商业案例的详细制作来引导读者快速掌握标志的有关知识。

图1-1

标志是用特定图形或文字及其组合表示和代表某事物的符号，是一种信息传播的视觉符号，具有象征性的图形设计，可以传达特定的集团、组织机构、个人、活动、事物、产品等的特定信息。标志在现代社会中具有不可替代的地位，其作用主要体现在以下几点。

➢ 向导功能：为观者起到一定的向导作用，同时确立并扩大了企业的影响。

➢ 区别功能：为各企业之间起到一定的区别作用，使得企业具有自己的形象而创造一定的价值。

➢ 保护功能：为消费者提供了质量保证，为企业提供了品牌保护的功能。

★★★★
1.1 标志的概述及作用

标志通过造型简单、意义明确的统一标准的视觉符号，将经营理念、企业文化、经营内容、企业规模、产品特性、优质服务、活动宗旨等要素，传递给社会公众，使之识别和认同企业的图案和文字。标志不仅是调动所有视觉要素的主导力量，也是整合所有视觉要素的中心，更是社会大众认同企业品牌的代表。因此，无论是企业还是街边的商铺都能看到属于自己的标志，如图1-1所示。

★★★★
1.2 标志的分类

在设计标志时主要可以依据使用范围进行划分、依据造型特色进行划分和依据构成因素进行划分，本节就来详细地进行讲解。

1.2.1 依据使用范围进行划分

依据标志的使用范围大致可分为企业类标志、机构团体类标志和安全示意类标志。

1. 企业类标志

企业类标志可分为企业标志、商品标志，用于表示企业性质、企业文化和企业经营理念等，象征着企业的精神面貌、规模、历史等，具有商业性和法律性质，如图1-2所示。

图1-2

2. 机构团体类标志

机构团体类标志为国家、国际机构、各社会团体、社会党派所专用，其图形和颜色具有特定的含义和历史意义，并可作为某种权力、权威或特定领域的象征，如图1-3所示。

图1-3

3. 安全示意类标志

安全示意类标志是为了引起警惕、严防灾祸、保护人类的生命财产安全而设计的标志，在各行业中起着解释、指示、向导，沟通思想、联络交际、减少麻烦、维护秩序的作用，如图1-4所示。

图1-4

1.2.2 依据造型特色进行划分

依据标志的造型特色大致可分为具象类标志、抽象类标志和半抽象类标志。

1. 具象类标志

具象类标志是对自然、生活中的具体物象进行模仿性的表达，其设计主要取材于生活和大自然中的人物、动物、植物、静物、风景等。具象类标志是从真实世界中抽取具体形象加以简化提炼，成为一个具有识别度和代表性的图案，具有特征鲜明、生动的特点，贴近生活且易感染受众，如图1-5所示。

图1-5

2. 抽象类标志

抽象类标志是以抽象的图形符号来表达标志的含义，以理性规划的几何图形或符号为表现形式。为了使非形象性转化为可视特征图形，设计者在设计创意时应把表达对象的特征部分抽象出来，可以借助纯理性抽象形的点、线、面、体来构成象征性或模拟性的形象，如图1-6所示。

图1-6

3. 半抽象类标志

半抽象标志常常有着现实形态的基本暗示，却又加以拆分、重组、添加、变形，使新形态介于具象和抽象之间。其特点是，能包纳抽象和具象但不能完全包纳所出现的新艺术图形特点，如图1-7所示。

图1-7

1.2.3　依据构成因素进行划分

依据标志的构成因素大致可分为文字类标志、图形类标志和图文结合类标志。

1. 文字类标志

文字类标志在各个行业中使用都非常普遍，其特点是比较简明，通过文字直接表示出行业的含义，可以使受众产生亲近感。但是，文字类标志也有其不足之处，就是容易受地域、语言的限制。文字类标志大体可以包括中国汉字和少数民族文字、外国文字和阿拉伯数字，如图1-8所示。

图1-8

2. 图形类标志

图形类标志是指仅用图形构成的标志。图形类标志丰富多彩，千变万化，可采用各种动物、植物以及几何图形等图形构成。图形类标志的特点是，不受地域、语言的限制，人们都可以看懂，易于给人留下较深的印象，比较直观，艺术性强，并富有感染力，如图1-9所示。

图1-9

3. 图文结合类标志

图文结合类标志是将图形与文字融合在一起的一种图形表现形式，集中了文字标志和图形标志的长处，克服了两者的不足，其特点是形象更直观、寓意更丰富、形式更多样，同时更有亲和力，如图1-10所示。

图1-10

1.3　标志的设计原则

在现代设计中，标志设计作为最普遍的艺术设计形式之一，不仅与传统的图形设计相关，更是与当代的社会生活紧密联系。在追求标志设计带来社会效益的同时，还要创造出独一无二、简明易记并具有高价值的标志，因而在设计时需要遵循一些基本的设计原则。

1.3.1　独特性原则

独特性是标志设计的最基本要求。标志的形式法则和特殊性就是要具备独有的个性，不允许有丝毫的雷同，这就要求标志的设计必须做到独特别致、简明突出，追求创造与众不同的视觉感受，只有富于创造性、具备自身特色的标志，才有生命力并给人留下深刻的印象。只要是原创，出现雷同的概率就会很低，如图1-11所示。

图1-11

1.3.2　简明易记原则

简明易记是标志所应达到的视觉效果。其设计不能烦琐，因为只有图形简洁大方，易认、易记、易辨的标志，才能够在瞬间给人们留下深刻的印象，从而达到出奇制胜的效果，如图1-12所示。

图1-12

> **温馨提示**

简明易记标志一般具有以下几个特征。
- 简洁的外形。
- 独特的表现。
- 强有力的色彩。
- 有趣的图形。
- 受众熟悉、喜闻乐见的内容。

1.3.3　通用性原则

通用性是指标志应具有较为广泛的适用性。标志设计的通用性，是由标志的功能和需要在不同的载体和环境中展示、宣传标志的特点所决定的，如图1-13所示。

图1-13

> **温馨提示**

通用性标志的特征如下。

- 从标志的识别性角度，要求标志能通用于放大或缩小，通用于在不同背景和环境中的展示，通用于在不同媒体和变化中的效果。
- 从对商标在产品造型、包装装潢的通用角度来讲，要求商标的造型不仅要美观，还需要注意使商标能与特定产品的性质及包装装潢的特点相协调。
- 从对标志在复制、宣传媒体的通用性角度来讲，要求标志不仅能适用于制版印刷，还需能适应不同材料载体的复制工艺特点。

1.3.4　信息准确性原则

标志设计在信息传递过程中，能否让观者正确地理解，并与设计者所传达的思路一致，是非常重要的。无论标志在设计上色彩多么鲜明，形式多么新颖独特，其目的都是要准确无误地表达标志的内涵。标志设计的关键是要符合人们的认识心理和理解能力，以免引起误导，如图1-14所示。

图1-14

1.3.5　文化与艺术性原则

在具体的标志形象中，要显现出文化属性，通过巧妙的构思和技法，将标志的文化、寓意与优美的形式有机结合。其特点是凸显民族传统、时代特色、社会风尚、定位准确、构思不落俗套、造型新颖大方等，如图1-15所示。

图1-15

1.4 商业案例——医院标志设计

1.4.1 医院标志设计思路

本案例是一款以整形为主的全科医院的标志设计项目，此标志要体现出医院的行业特点，所以在制作时代表医院的"+"符号是必不可少的一个独有特点；整形类的医院能够具体或抽象出一个人体形象，能够让浏览者快速在标志上了解医院的行业功能；整形的人群女性绝对超过男性，所以在设计时凸出一个长发女子的形象会让浏览者快速进入主题；将女性身体与丝巾相融合会更加凸出标志的美感。将以上的几点进行归类性设计，可以非常容易缩小标志的整体设计范围，让操作者更快地进入设计状态，如图1-16所示。

图1-16

1.4.2 医院标志配色

对于医院标志的配色，通常不会超过3种色系，根据色彩对浏览者的视觉引导，这里选择绿色、青色、黑色和白色作为底色、主色和强调色，在设计时要掌握好这几种颜色所占的比例，如图1-17所示。

| 底色70% | 主色25% | 强调色5% |

图1-17

本案例设计的标志使用的底色和主色分别是绿色、青色和白色，绿色在黄色和蓝色"冷暖色"之间，属于比较中庸的颜色，绿色最为平和、安稳、大度、宽容。绿色是一种柔顺、恬静、满足、优美、受欢迎之色；蓝色是色彩中比较沉静的颜色，其象征着永恒与深邃、高远与博大、壮阔与浩渺，是令人心境畅快的颜色。青色又有消极、冷淡、保守等含义；白色属于无彩色，无彩色指的是由黑、白相混合组成的不同灰度的灰色系列，此颜色在光的色谱中是看不到的，所以被称为无彩色。由黑色和白色相搭配的背景底色，可以使内容更加清晰，此时可以是白底黑字，也可以是黑底白字，中间部分由灰色作为分割，可以使整体标志看起来更加一致，无彩色的背景可以与任何颜色进行搭配，如图1-18所示。

| C:100 M:0 Y:100 K:0
R:0 G:155 B:76
#009B4C | C:73 M:0 Y:33 K:0
R:20 G:182 B:184
#14B6B8 | C:0 M:0 Y:0 K:0
R:255 G:255 B:255
#FFFFFF | C:93 M:88 Y:89 K:80
R:0 G:0 B:0
#000000 |

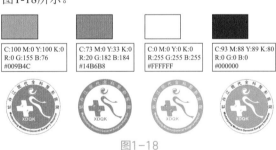

图1-18

1.4.3 医院标志构图与布局

本标志的特点与医院行业的标准基本保持一致，在构图上都是按照圆点放射状进行布局的，外围一圈是文字详细说明，内环为图形和文字组合。标志的第一视觉点是中间的人物与丝巾相结合的图形，第二视觉点是"十"字，剩下的是文字区域，如图1-19所示。

图1-19

1.4.4 使用CorelDRAW制作扁平标志

■ 制作流程

　　本案例主要利用"钢笔工具" ✎绘制人物图形部分，通过"变形工具" ✪结合"转动工具" ◉制作头发区域，利用"简化"命令编辑十字区域，然后依附路径输入文字并进行编辑，具体操作过程如图1-20所示。

图1-20

■ 技术要点

> 使用"钢笔工具"绘制抽象人物躯体；
> 使用"椭圆形工具"绘制正圆形；
> 使用"变形工具"结合"转动工具"将正圆进行旋转变形；
> 使用"矩形工具"绘制十字；
> 先将十字进行"合并"，再通过"简化"命令制作掏空效果；
> 沿正圆形输入文字。

■ 操作步骤

人物区域制作

01 启动CorelDRAW X8软件，使用"钢笔工具" ✎在页面中选择起点并单击，移动到另一点按住鼠标拖动，创建圆弧曲线，将鼠标移动到节点上按住Alt键单击，将此节点变为重新的起始点，如图1-21所示。

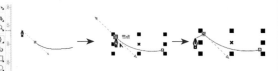

图1-21

02 根据此方法依次绘制曲线并将节点转换为重新的起始点，绘制一个以人物身体与飘舞的丝巾相结合的抽象的人物躯干图形，如图1-22所示。

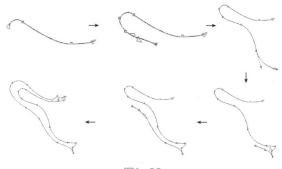

图1-22

03 当终点与起点相交时单击，完成封闭的曲线绘制。执行菜单"窗口|泊坞窗|对象属性"命令，在打开的"对象属性"泊坞窗中设置填充颜色，为封闭曲线填充颜色，如图1-23所示。

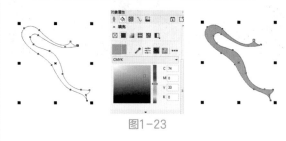

图1-23

▶ 温馨提示

　　在CorelDRAW中使用"钢笔工具" ✎绘制曲线，当终点与起点相交时，鼠标指针右下角会出现一个圆圈，单击就可以将曲线进行封闭。

04 使用"椭圆形工具" ◯绘制一个正圆形并为其填充与躯干相同的颜色，如图1-24所示。

图1-24

▶ 温馨提示

　　在CorelDRAW中使用"颜色滴管工具" ✐在有颜色的区域单击，再将鼠标指针移动到需要填充此颜色的位置，当鼠标指针变成油漆桶图标时单击，就可以用吸取的颜色快速进行填充，如图1-25所示。

图1-25

05 确定正圆形处于选取状态，在工具箱中选择"变形工具" 🔲 后，再在属性栏中单击"扭曲变形"按钮 ⟳，在正圆形上顺时针进行拖动，再设置属性栏中的"附加度数"为286，效果如图1-26所示。

图1-26

06 在工具箱中选择"转动工具" ◎，在变形后的图形上按住鼠标左键进行旋转，效果如图1-27所示。

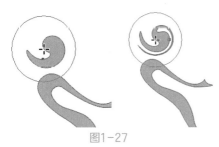

图1-27

07 使用"选择工具" ▶ 选择转动后的图形，在属性栏中单击"水平镜像"按钮 ▥，将其进行水平翻转，以此来代表抽象人物的头部，移动到合适位置后完成人物区域的制作，效果如图1-28所示。

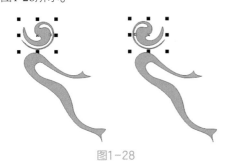

图1-28

十字区域制作

01 使用"矩形工具" 🔲 在人物左下角绘制矩形

并填充颜色，在属性栏中单击"圆角"按钮 🔲 并设置"转角半径值"为2.5mm，如图1-29所示。

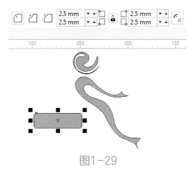

图1-29

02 按Ctrl+D组合键复制一个副本，将其进行90度旋转并移动到水平矩形的中间，如图1-30所示。

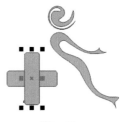

图1-30

03 使用"选择工具" ▶ 框选两个矩形，在属性栏中单击"合并"按钮 ▣，将其合并为一个对象，如图1-31所示。

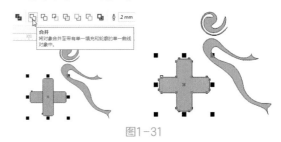

图1-31

04 在合并后的十字形上单击，调出变换框，拖动斜切点，将其进行斜切处理，如图1-32所示。

图1-32

05 按Ctrl+C组合键进行复制，再按Ctrl+V组合键进行粘贴，得到一个十字副本，将其缩小并移动位置，然后将其填充为绿色，如图1-33所示。

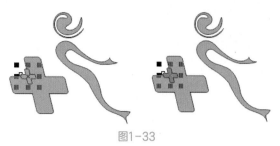

图1-33

06 框选大十字和小十字，在属性栏中单击"简化"按钮，简化后移动小十字，如图1-34所示。

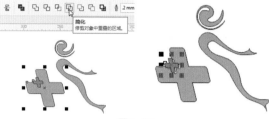

图1-34

07 使用同样的方法制作大十字右下角的小十字，如图1-35所示。

08 使用"文本工具"在十字下面输入文字，此时十字区域制作完成，如图1-36所示。

图1-35   图1-36

外围文字区域制作

01 使用"椭圆形工具"在图标上面绘制一个正圆形，将其填充为躯干的颜色，如图1-37所示。

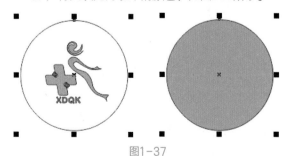

图1-37

02 复制一个正圆形并将其缩小，将缩小后的正圆形拖曳到大正圆形的中心，如图1-38所示。

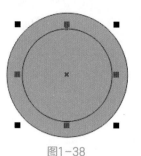

图1-38

▶ **温馨提示**

在CorelDRAW中将对象拖曳到合适位置后释放鼠标左键，然后单击鼠标右键可以快速复制一个移动的对象；按住Shift键向中心拖曳鼠标的同时释放鼠标左键，单击鼠标右键会按照同心圆进行缩小复制。

03 将两个正圆形一同选取，在属性栏中单击"简化"按钮，再将中间的小圆删除，效果如图1-39所示。

04 使用"椭圆形工具"绘制一个同小正圆形大小一样的正圆轮廓，如图1-40所示。

图1-39   图1-40

05 使用"文本工具"将鼠标移动到正圆轮廓上，当鼠标指针变为形状时输入文字，此时会将文字依附轮廓进行输入，如图1-41所示。

06 改变文本字体和文字大小，使用"形状工具"调整间距和位置，如图1-42所示。

图1-41

图1-42

07 将文字改变成白色后，使用"选择工具"

调整文字与路径之间的距离，效果如图1-43
所示。

08 使用同样的方法制作下面的英文，此时外围文字区域制作完毕，效果如图1-44所示。

图1-43

图1-44

09 将图像中的颜色改变成绿色，如图1-45所示。

10 将其中的背景色与主色互换得到另一种效果，如图1-46所示。

图1-45

图1-46

11 去掉外围文字区域，直接输入文字，同样可以得到另外一种效果，如图1-47所示。

图1-47

1.4.5 使用Photoshop为标志制作效果

■ 制作流程

本案例主要利用光照效果滤镜为背景素材制作光照效果，绘制矩形、添加描边并调整不透明度和填充来制作玻璃，再为图标添加"斜面和浮雕、外发光"以及"带投影的紫色凝胶"样式，具体流程如图1-48所示。

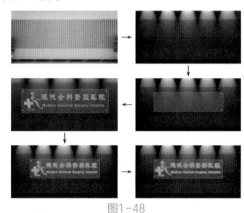
图1-48

■ 技术要点

➢ 使用"光照效果滤镜"制作光源照射；
➢ 使用"矩形工具"和"椭圆形工具"绘制玻璃墙；
➢ 调整"不透明度"和"填充"设置玻璃透明效果；
➢ 使用Photoshop打开CorelDRAW绘制的图标；
➢ 应用"斜面和浮雕"和"外发光"图层样式；
➢ 应用"带投影的紫色凝胶"样式。

■ 操作步骤

背景的制作

01 启动Photoshop CC软件，打开附带的"背景01.jpg"素材文件，执行菜单"滤镜|渲染|光照效果"命令，打开"光照效果"对话框，在属性栏中设置"预设"为"五处下射光"，如图1-49所示。

图1-49

02 使用"矩形工具"  和"椭圆形工具"  分别绘制矩形和正圆形，选择矩形所在的图层，执

行菜单"图层|图层样式|描边"命令，打开"图层样式"对话框，勾选"描边"复选框，其中的参数值设置如图1-50所示。

图1-50

03 设置完成后，单击"确定"按钮。在"图层"面板中设置"不透明度"和"填充"，此时背景制作完成，效果如图1-51所示。

图1-51

图标效果的制作

01 打开之前使用CorelDRAW绘制的图标，将其拖曳到当前文档中，调整大小和位置，效果如图1-52所示。

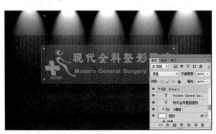

图1-52

02 选择图标所在的图层组，执行菜单"图层|智能对象|转换为智能对象"命令，将其转换为智能对象，如图1-53所示。

03 按住Ctrl键单击智能对象图层的缩览图，调出选区后，在智能图层下方

图1-53

新建一个图层，将其填充为淡灰色。按Ctrl+D组合键取消选区，使用方向键将新建的图层内容向下移动两个像素，如图1-54所示。

图1-54

04 执行菜单"图层|图层样式|斜面和浮雕"命令，打开"图层样式"对话框，勾选"斜面和浮雕"复选框，其中的参数值设置如图1-55所示。

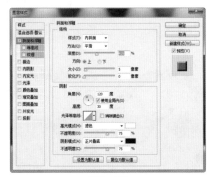

图1-55

05 勾选"外发光"复选框，其中的参数值设置如图1-56所示。

图1-56

06 设置完成后，单击"确定"按钮，效果如图1-57所示。

图1-57

07 按住Ctrl键单击"图层2"图层的缩览图,调出选区后,在此图层下面新建"图层3"图层,将其填充为白色,如图1-58所示。

08 执行菜单"窗口|样式"命令,打开"样式"面板,单击右上角的■按钮,在弹出的下拉菜单中选择"Web样式"命令,如图1-59所示。

图1-58　　　　　　　图1-59

09 选择"Web样式"命令后,弹出警告对话框,直接单击"确定"按钮,在"样式"面板中选择"带投影的紫色凝胶"样式,如图1-60所示。

图1-60

10 选择"带投影的紫色凝胶"样式后,完成图标效果的制作,最终效果如图1-61所示。

图1-61

11 通过变换调整还可以制作另一个透视效果,如图1-62所示。具体操作可观看附带的视频。

图1-62

★★★★
1.5 商业案例——运动标志设计

1.5.1 运动标志设计思路

　　本案例是一款以户外垂钓用品为主的运动标志设计项目,此标志要体现出垂钓行业的特色,所以在制作时钓竿的效果是不可缺少的;人脸和月牙组合成一张目视前方的抽象人脸,时刻准备将钓起的鱼收入囊中;通过钓鱼的图片结合收获的战果,可以使观者非常容易地进入运动标志设计状态,如图1-63所示。

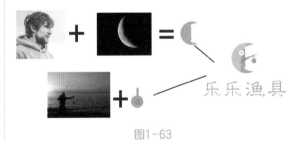

图1-63

1.5.2 运动标志配色

　　对于户外的配色,蓝色和橙色是非常常见的颜色,蓝色是色彩中比较沉静的颜色,恰好与垂钓标志相吻合,要表达简单、洁净的视觉效果,可以使用蓝色,并大面积留白;而要给人以进步的印象,可以多用蓝色搭配低饱和的颜色,甚至是灰色。橙色具有轻快、欢欣、收获、温馨、时尚的效果,是一种表达快乐、喜悦、能量的色彩;橙色又称橘色,为二次颜料色,是红色与黄色的混合色。在光谱上,橙色介于红色和黄色之间。这两种色彩相搭配能够更好地展现出户外的宁静与内心欢快的感觉,如图1-64所示。

C:100 M:0 Y:100 K:0 R:0 G:155 B:76 #009B4C	C:73 M:0 Y:33 K:0 R:20 G:182 B:184 #14B6B8	C:0 M:0 Y:0 K:0 R:255 G:255 B:255 #000000	C:93 M:88 Y:99 K:80 R:0 G:0 B:0 #000000

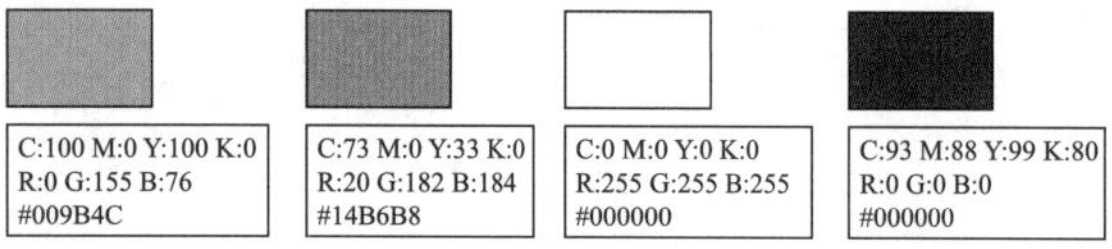

图1-64

1.5.3　运动标志构图与布局

本标志的特点与垂钓行业的标准基本保持一致，在构图上是按照左右结构结合上下结构来进行布局的，标志的第一视觉点是中间的鱼竿和收获图形，第二视觉点是面部和双眼，剩下的是文字区域，如图1-65所示。

图1-65

1.5.4　使用CorelDRAW制作标志文字部分

■　制作流程

本案例主要使用"文本工具" 字输入文字后，将文字进行拆分并转换为曲线，再使用"转动工具" ◎对文字的右下角进行旋转变形，如图1-66所示。

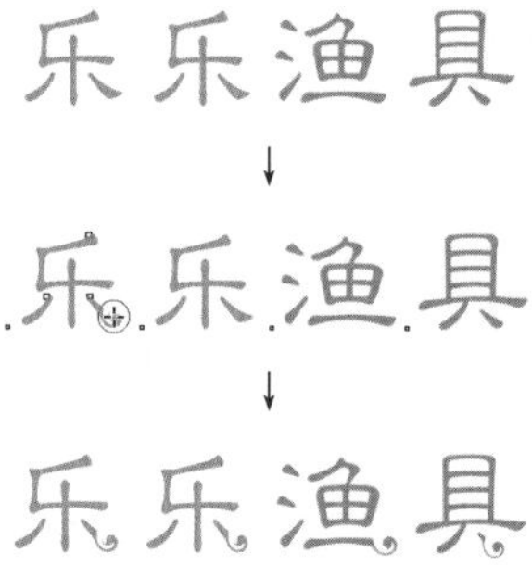

乐乐渔具

↓

乐乐渔具

↓

乐乐渔具

图1-66

■　技术要点
   ➢　使用"文本工具"输入文字；
   ➢　将文本拆分成单独的个体；
   ➢　将文字转换为曲线；
   ➢　使用"转动工具"将文字右下角进行旋转变形。

■　操作步骤

01 启动CorelDRAW X8软件，使用"文本工具" 字

在页面中输入文字，设置文字的字体、大小并对其进行填充，如图1-67所示。

乐乐渔具

↓

乐乐渔具

图1-67

02 执行菜单"对象|拆分美术字"命令，将文字打散，如图1-68所示。

乐乐渔具

图1-68

03 框选输入的文字，执行菜单"对象|转换为曲线"命令，将文字全都转换为可编辑的曲线，如图1-69所示。

乐乐渔具

图1-69

04 使用"选择工具" ▣选择第一个字，再使用"转动工具" ◎，在属性栏中设置各个参数后将鼠标指针移到第一个文字右下角处按住鼠标左键，此时会发现，文字右下角发生了旋转扭曲，如图1-70所示。

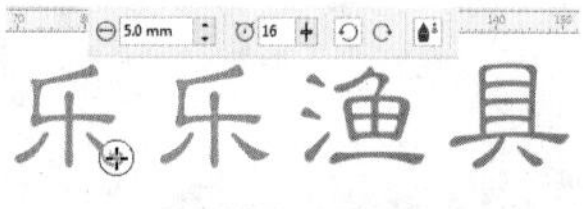

乐乐渔具

图1-70

05 使用同样的方法将其他文字进行旋转，效果如图1-71所示。将调整完毕后的图形导出为PSD格式文件备用。

乐乐渔具

图1-71

1.5.5　使用Photoshop制作图标图形后再与文本进行合成

■　制作流程

本案例主要利用"椭圆形工具" ◎绘制正圆形，再通过"椭圆选框工具" ◯对绘制的选区进行

编辑，然后使用"钢笔工具" 绘制月牙，最后将用CorelDRAW制作的文字合并到当前文档中，具体操作流程如图 1-72所示。

图1-72

■ 技术要点

➤ 使用"椭圆工具"绘制正圆形；

➤ 使用"椭圆选框工具"绘制选区；

➤ 使用"钢笔工具"绘制路径并将路径转换为选区；

➤ 填充选区；

➤ 调整不透明度。

■ 操作步骤

01 打开Photoshop CC软件，执行菜单"文件|新建"命令，打开"新建"对话框，其中的参数设置如图1-73所示。

图1-73

02 设置完成后，单击"确定"按钮，系统会新建一个空白文档，如图1-74所示。

图1-74

03 新建一个图层，使用"椭圆工具" 在页面中绘制青色正圆形，如图1-75所示。

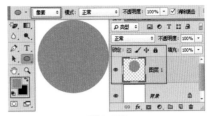

图1-75

04 使用"椭圆选框工具" 绘制一个正圆选区，按Delete键删除选区内的图像，如图1-76所示。

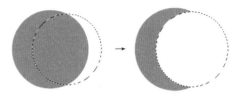

图1-76

05 按Ctrl+D组合键取消选区，使用"钢笔工具" 在月牙处绘制路径，如图1-77所示。

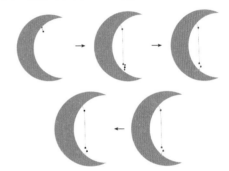

图1-77

06 按Ctrl+Enter组合键将路径转换为选区，将其填充为青色，如图1-78所示。

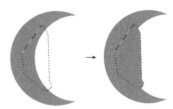

图1-78

07 按Ctrl+D组合键取消选区，使用"钢笔工具" 绘制一个三角形，将路径转换为选区并将其填充为青色，如图1-79所示。

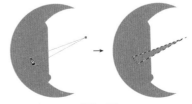

图1-79

08 取消选区后，在三角形的月牙部分绘制选区并将其填充为橘色，如图1-80所示。

图1-80

09 在月牙上端绘制白色正圆形和橘色正圆形，将其作为眼睛，如图1-81所示。

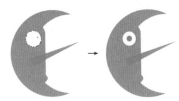

图1-81

10 在支出的三角处绘制青色矩形、青色正圆形和橘色正圆形，作为钓起的鱼，效果如图1-82所示。

图1-82

11 新建一个图层，在月牙上绘制路径，转换为选区后填充白色，设置"不透明度"为29%，效果如图1-83所示。

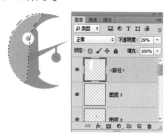

图1-83

12 打开在CorelDRAW中制作的文字效果，将其拖曳到当前文档中。至此，本案例制作完成，效果如图1-84所示。

图1-84

★★★★ 1.6 优秀作品欣赏

02

第 2 章

VI设计

本章重点：

- ➤ VI设计的概述及作用
- ➤ VI中的应用要素
- ➤ VI中的应用系统
- ➤ VI的设计原则
- ➤ 商业案例——企业信纸和信封设计
- ➤ 商业案例——企业饮水杯设计与制作
- ➤ 优秀作品欣赏

本章主要从VI设计的应用要素、应用系统、设计原则等方面着手，介绍VI设计的相关基础知识，并通过相应的案例制作，引导读者理解VI设计的原理和方法，使读者能够快速掌握VI设计的方法。在VI设计中，视觉识别设计最具传播力和感染力，也最容易被公众接受，这样也就形成了VI设计的市场需求。

精神及其与其他企业的差异充分地表达出来，以使公众识别并认知。

在企业内部，VI通过标准识别来划分和产生区域、工种类别、统一视觉等要素，以利于规范化管理和增强员工的归属感。VI由两大部分组成，一是基本设计系统，二是应用设计系统，如图2-1所示。

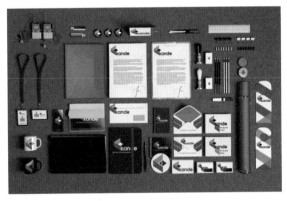

★★★★
2.1 VI设计的概述及作用

VI（Visual Identity）是视觉识别的英文简称，它借助一切可见的视觉符号在企业内外传递与企业相关的信息。VI属于CI的一部分，是企业识别形象符号视觉化的传达方式，也是CI最主要的传播方式。在CI系统中，它是最直接、最有效的树立企业知名度和塑造企业形象的方式，能够将企业的基本

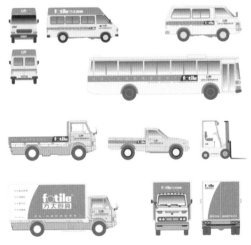

图2-1

2.2 VI中的应用要素

VI的基础要素系统包括标志、标准字、标准色、辅助图形、吉祥物、基本要素组合规范、基本要素禁止组合规范。在这些要素中，标志、标准字应用最广泛，出现频率最高，是统合所有视觉设计要素的核心，也是企业开展信息传播的主导力量。在VI系统中，标志、标准字的形态、色彩、应用方式直接决定了其他识别要素的形式。

2.2.1 标志

标志不仅是调动所有视觉要素的主导力量，也是整合所有视觉要素的中心，更是社会大众认同企业品牌的代表。因此，标志设计在整个VI系统设计中具有重要的意义。标志通过造型简单、意义明确的统一标准的视觉符号，将经营理念、企业文化、经营内容、企业规模、产品特性、优质服务、活动宗旨等要素，传递给社会公众，使之识别和认同企业的图案和文字，如图2-2所示。

图2-2

2.2.2 标准字

标准字是指经过设计的专门用于表现企业名称或品牌的字体，因此标准字设计包括企业名称标准字和品牌标准字的设计。

标准字是VI系统中的基本要素之一，应用广泛，常与标志联系在一起，具有明确的说明性，可直接将企业或品牌传达给观众，与视觉、听觉同步传递信息，强化企业形象与品牌的诉求力，其设计的重要性与标志具有相同地位，如图2-3所示。

图2-3

2.2.3 标准色

标准色是企业或活动指定某一特定的色彩或一组色彩系统，运用在所有的视觉传达设计的媒体上，通过色彩的特性，以表现企业的经营理念、组织结构和经营内容的特质。标准色在企业信息传达的整体设计系统中，具有强烈的传播效果和识别性，如图2-4所示。

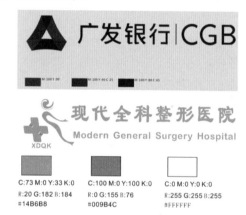

图2-4

2.2.4 辅助图形

辅助图形的设计多采用圆点、直线、方块、三角、条纹、星形、色面等单纯造型作为单位基本型，然后根据设计主题需要，进行多种排列组合变化，具有广阔的表现空间，也具有强烈的识别性。

辅助图形有时也称为企业象征图案、辅助图案或装饰花边，是VI系统中不可缺少的一部分。在VI系统中，辅助图形是作为一种附属与VI基本视觉要素有内在联系，起到对比、陪衬的作用，增强了其他要素在应用中的柔软度与适应性，辅助图形的作用就是要处理好其他要素的组合形式与应用环境的关系，如图2-5所示。

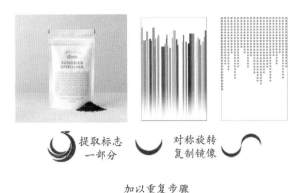

提取标志
一部分

对称旋转
复制镜像

加以重复步骤

图2-5

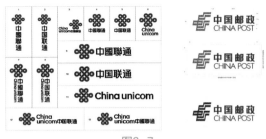

图2-7

2.2.5　吉祥物

吉祥物是为了塑造企业形象的特定造型符号，它的作用在于运用形象化的图形，强化企业性格，表达产品或服务的性质，如图2-6所示。吉祥物具有说明性、亲切感、统一性和传达中的灵活性等特点。

吉利汽车

高德集团

北京残奥会

图2-6

2.2.6　基本要素组合规范

基本要素组合规范包括标志与标准字组合多种模式、标志与象征图形组合多种模式、标志与吉祥物组合多种模式，以及标志与标准字、辅助图形和吉祥物组合多种模式等，如图2-7所示。

2.2.7　基本要素禁止组合规范

基本要素禁止组合规范主要体现在规范的组合上增加其他造型符号；规范组合中的基本要素的大小、广告、色彩、位置等发生变换；基本要素被进行规范以外的处理，如标志加框、立体化、网线化等；规范组合被进行字距、字体变形、压扁、斜向等改变，对比效果如图2-8所示。

图2-8

2.3　VI中的应用系统

VI的应用项目系统类型较多，常用的包括办公系统、公关形象系统、宣传系统和环境系统等，每一个系统还包括若干应用类别。应用系统的VI设计，要遵循企业整体的VI规划，应准确传达出企业的精神理念和产品特色。

2.3.1　办公系统设计

办公系统设计指的是办公事务用品的视觉识别设计，主要包括名片、信封、信纸、便笺、传真纸、票据夹、合同夹、工作证、办公文具、聘书、纸杯等。办公事务用品是企业信息传达的基本载体，是企业视觉形象有力的传播手段，是企业对内对外沟通交流的直接手段和媒体。将企业的基本视觉要素运用在办公用品上，是视觉识别设计的主要内容。基本要素可单独使用，也可组合使用，力求达到统一的视觉效果，如图2-9所示。

图2-10（续）

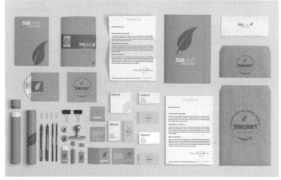

图2-9

2.3.3 宣传系统设计

从视觉形象来看，广告是实现视觉识别、树立企业形象的重要途径，通过反复利用各种媒介，将有关企业的信息、产品的信息向大众传达，在得到广泛认同后，树立起企业和产品的形象。广告宣传主要包括促销POP、DM广告、招贴广告、报纸广告、杂志广告、电视广告、户外广告牌、网站等，如图2-11所示。

图2-11

2.3.2 公关形象系统设计

公关形象系统设计是对企业对外交流与展示的应用项目进行的设计，主要包括员工服装、交通工具、公关礼品以及商品包装等，如图2-10所示。

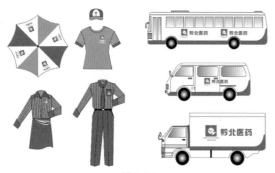

图2-10

2.3.4 环境系统设计

环境系统包括小型销售店面和大型销售店面，店面有横、竖和方招牌，导购流程图版式规范、店内背景板、店内展台、配件柜及货架、店面灯箱、立墙灯箱、资料架、垃圾筒和室内环境等，如图2-12所示。

图2-12

图2-12（续）

★★★★ 2.4 VI的设计原则

VI设计不是单独的元素设计，而是以MI（Mind，理念）为内涵的生动表达。所以，VI设计应该多角度、全方位地反映企业的经营理念。在设计过程中要注意以下几个基本原则。

- ➢ 风格的统一性原则。
- ➢ 强化视觉冲击的原则。
- ➢ 强调人性化的原则。
- ➢ 增强民族个性与尊重民族风俗的原则。
- ➢ 可实施性原则。
- ➢ 符合审美规律的原则。
- ➢ 严格管理的原则。

VI系统千头万绪，因此，在实施的过程中，要杜绝工作人员的操作随意性，严格按照VI手册的规定执行，保证不变形、不差色。优秀的VI设计与企业的发展息息相关，对于企业来说，VI具有以下作用。

- ➢ 传达企业的经营理念和企业文化，以形象的视觉形式宣传企业。
- ➢ 树立良好的企业形象，帮助企业优化资源环境，为企业参与市场竞争提供保证。
- ➢ 明显地区分企业与其他企业，同时又确立该企业明显的行业特征或其他重要特征，确保该企业在经济活动中的不可替代性，明确该企业的市场定位。
- ➢ 提高企业员工对企业的认同感，提高企业员工的士气、凝聚力。
- ➢ 以特有的视觉符号系统吸引消费者的注意力，使消费者对该企业所提供的产品或服务产生最高的品牌忠诚度。

★★★★ 2.5 商业案例——企业信纸和信封设计

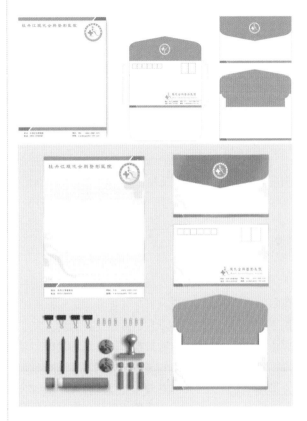

2.5.1 信纸与信封尺寸

1. 信纸

信纸纸张的选择主要考虑实用性及美观性，信纸在日常生活中主要用于写信或打印，实用性主要从可书写上来考虑，信纸的尺寸规格主要分为以下几种。

- ➢ 大16开：21cm×28.5cm，正16开：19cm×26cm。
- ➢ 大32开：14.5cm×21cm，正32开：13cm×19cm。
- ➢ 大48开：10.5cm×19cm，正48开：9.5cm×17.5cm。
- ➢ 大64开：10.5cm×14.5cm，正64开：9.5cm×13cm。

2. 信封

信封种类分为普通、航空、大型、国际四大类，共10种规格，制作加工方面要考虑检验规则及包装、储存等内容，信封纸张的具体要求是不低于

80g/m^{2}的B级书皮纸、B级胶版纸和B级的牛皮纸。特殊信封可以选用100~120g的特种纸。邮寄信封按照邮政部门的规定尺寸进行设计，常见的中式信封如下。

> 小号176 mm×110 mm。
> 中号220 mm×110 mm。
> 大号324 mm×229 mm。
> DL 220 mm×110 mm。
> C6 162 mm×114 mm。

2.5.2 统一配色

根据之前制作的医院标志，我们进行了信纸和信封的进一步设计，在规格尺寸需要固定模式的情况下，要想与医院整体进行色彩统一，就要首先了解医院的常用配色，医院的常用配色在制作标志时已经进行了简单的阐述，本节在信封和信纸方面就要遵循这个配色原则让其与整体达到一致，标志的配色使用了青色、绿色、白色和黑色，在信封和信纸上同样使用此配色进行设计，如图2-13所示。

C:100 M:0 Y:100 K:0 R:0 G:155 B:76 #009B4C	C:73 M:0 Y:33 K:0 R:20 G:182 B:184 #14B6B8	C:0 M:0 Y:0 K:0 R:255 G:255 B:255 #FFFFFF	C:93 M:88 Y:89 K:80 R:0 G:0 B:0 #000000

图2-13

2.5.3 使用CorelDRAW绘制信纸与信封

■ 制作流程

本案例主要使用"矩形工具"□绘制固定大小的矩形，通过设置"属性栏"调整矩形的边角，通过"相交"造型命令制作直线中的另一种颜色，绘制直线调整曲线样式，如图2-14所示。

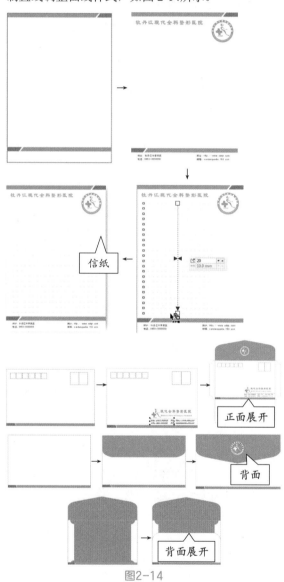

图2-14

■ 技术要点

> 使用"矩形工具"绘制固定大小矩形；
> 设置矩形边角；
> 转换为曲线调整形状；
> 使用"相交"造型命令；
> 导入素材、输入文字；
> 使用"调和工具"调和对象；

> 使用"阴影工具"添加阴影。

■ 操作步骤

信纸的制作

01 启动CorelDRAW X8软件,新建空白文档。使用"矩形工具"□在页面中绘制一个190mm×260mm的矩形,如图2-15所示。

02 在矩形的上面绘制一个颜色为C:74、 M:0、Y:33、 K:0的矩形,再去掉矩形的轮廓,如图2-16所示。

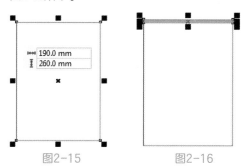

图2-15　　　　　图2-16

03 使用"贝塞尔工具"✍在青色矩形的右侧绘制一个封闭的曲线,如图2-17所示。

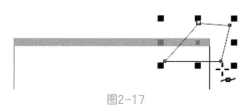

图2-17

> 温馨提示

　　在CorelDRAW中使用"贝塞尔工具"✍绘制曲线时,如果绘制的是非封闭曲线,只要单击"属性栏"中的"封闭曲线"按钮⚡,就可以将曲线的起点和终点进行连接并且变成封闭曲线。

04 使用"选择工具"▶将青色矩形和封闭曲线一同选取,单击属性栏中的"相交"按钮⬚,会得到一个相交后的图形,如图2-18所示。

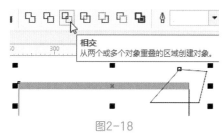

图2-18

图2-18(续)

05 将相交后的图形填充为白色,删除封闭的曲线图形,如图2-19所示。

图2-19

06 按Ctrl+D组合键再制作一个副本,拖动左侧的控制点,将白色图形调短,再将其填充为绿色,效果如图2-20所示。

图2-20

07 使用"选择工具"▶框选上面的3个图形,按Ctrl+G组合键将其群组,按Ctrl+D组合键再制一个副本,在属性栏中单击"水平镜像"按钮⬚,将其进行水平翻转,并移动到矩形的下方位置,如图2-21所示。

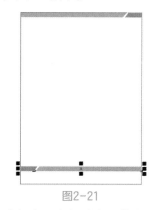

图2-21

08 导入医院标志,在矩形合适的位置输入文字,如图2-22所示。

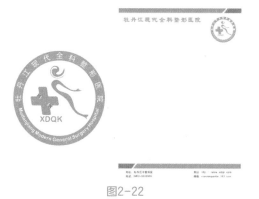

图2-22

09 使用"手绘工具" ![](绘制一条直线，设置"宽度"为0.75mm、"样式"为虚线，效果如图2-23所示。

图2-23

10 复制一个副本并将其拖曳到矩形的底部，如图2-24所示。

图2-24

温馨提示

在CorelDRAW中拖曳图形移动到合适位置后，单击鼠标右键后，可以在当前位置快速复制一个副本。

11 使用"调和工具" ![](在两条虚线之间创建调和，设置"步长值"为20，效果如图2-25所示。

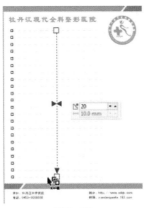

图2-25

12 选择调和后的对象，执行菜单"对象|拆分调和群组"命令，再执行菜单"对象|组合|取消组合对象"命令，将标志以下的虚线一同选取，将其拉长，效果如图2-26所示。

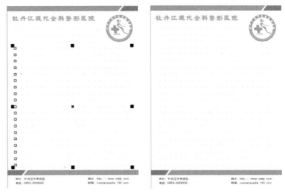

图2-26

13 去掉矩形的轮廓，使用"阴影工具" ![](为矩形添加一个阴影，此时信纸部分制作完成，效果如图2-27所示。

图2-27

信封正面展开制作

01 新建一个空白文档，使用"矩形工具" ![](在页面中绘制一个176mm×110mm的矩形，如图2-28所示。

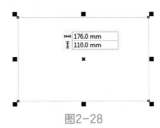

图2-28

02 选择"信纸"文档中的组合图形，将其复制到当前文档中，调整大小并移动到信封的下面，再绘制8个青色轮廓矩形调整位置和大小，如图2-29所示。

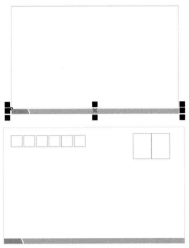

图2-29

03 复制医院标志，调整大小后移动到信封正面的右下角处，使用"手绘工具"在标志下方绘制一条青色线条，然后使用"文本工具"字输入文字，如图2-30所示。

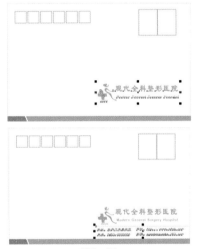

图2-30

04 复制矩形并将其移动到底部调整高度后，在属性栏中单击"圆角"按钮并设置下面两个"转角半径"为20mm，如图2-31所示。

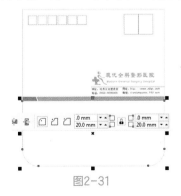

图2-31

05 复制矩形并将其移动到右侧调整宽度，在属性栏中单击"扇形角"按钮并设置右侧两个"转角半径"为10mm，如图2-32所示。

图2-32

06 复制一个扇形角矩形副本后，在属性栏中单击"水平镜像"按钮，将其进行水平翻转，并移动到矩形的左侧位置，如图2-33所示。

图2-33

07 复制正面矩形并将其移动到顶部调整高度后，再将其填充为青色，在属性栏中单击"圆角"按钮并设置上面两个"转角半径"为15mm，如图2-34所示。

图2-34

08 按Ctrl+Q组合键将圆角矩形转换为曲线，使用"形状工具" 调整曲线，效果如图2-35所示。

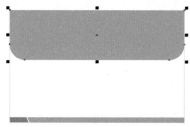

图2-38

03 按Ctrl+Q组合键将圆角矩形转换为曲线，使用"形状工具" 调整曲线，效果如图2-39所示。

图2-35

09 复制医院标志，调整大小并移动位置后单击属性栏中的"垂直镜像"按钮，此时信封正面展开制作完成，效果如图2-36所示。

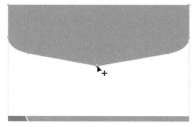

图2-39

04 复制医院标志，调整大小并移动位置，此时信封背面制作完成，效果如图2-40所示。

图2-36

图2-40

信封背面制作

01 复制信封的正面区域，删除上面的标志、文字和矩形框，如图2-37所示。

信封背面展开制作

01 复制信封的正面和折叠区域，删除上面的标志、文字和矩形框，将图形填充为灰色，如图2-41所示。

图2-37

图2-41

02 复制正面矩形并将其移动到顶部调整高度后，再将其填充为青色，在属性栏中单击"圆角"按钮并设置下面两个"转角半径"为15mm，如图2-38所示。

02 复制矩形并将其移动到右侧调整宽度，再将其填充为白色，在属性栏中单击"扇形角"按钮并设置左侧两个"转角半径"为10mm，调整对象顺序，如图2-42所示。

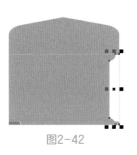

图2-42

> **温馨提示**

　　在CorelDRAW中要改变顺序，按Ctrl+Home组合键到页面前面；按Ctrl+End组合键到页面后面；按Shift+PgUp组合键到图层前面；按Shift+PgDn组合键到图层后面；按Ctrl+PgUp组合键向前一层；按Ctrl+PgDn组合键向后一层。

03 复制一个扇形角矩形副本后，在属性栏中单击"水平镜像"按钮，将其进行水平翻转，并移动到矩形的左侧位置，效果如图2-43所示。

图2-43

04 复制正面矩形并将其移动到顶部调整高度后，再将其填充为青色，在属性栏中单击"圆角"按钮并设置上面两个"转角半径"为20mm，此时信封背面展开制作完成，效果如图2-44所示。

图2-44

2.5.4 使用Photoshop 制作信纸信封效果

■ 制作流程
　　本案例主要利用"椭圆选框工具" 绘制选区

并复制选区内的图像，添加投影并通过创建图层将投影拆分出来，为图层添加图层蒙版后进行编辑，具体操作流程如图 2-45所示。

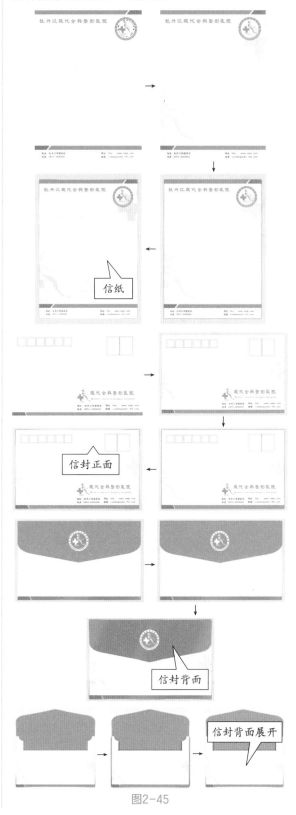

图2-45

■ 技术要点

➤ 复制选区内容；

➤ 调整"不透明度和填充"；

➤ 应用"投影"图层样式；

➤ 创建图层拆分图层样式；

➤ 添加图层蒙版进行编辑。

■ 操作步骤

信纸效果的制作

01 启动Photoshop CC软件，打开CorelDRAW转换为PSD格式的信纸，在"图层"面板中找到图标所在图层，使用"椭圆选框工具" ⬭ 在图标上绘制一个正圆选区，如图2-46所示。

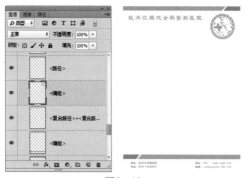

图2-46

02 将"前景色"设置为灰色，按Ctrl+C组合键复制选区内的图像，按Ctrl+V组合键粘贴选区内的图像，按住Ctrl键单击图层的缩览图调出选区，按Alt+Delete组合键填充前景色，如图2-47所示。

图2-47

03 按Ctrl+D组合键取消选区，按Ctrl+T组合键调出变换框，调整控制点将其放大，按Enter键完成变换。在"图层"面板中设置"不透明度"为16%、"填充"为100%，如图2-48所示。

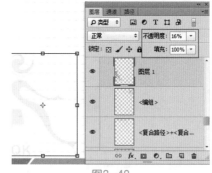

图2-48

04 复制一个副本移动到右上角，效果如图2-49所示。

图2-49

05 将"背景"图层填充为浅灰色，选择Group1图层组，执行菜单"滤镜|转转为智能滤镜"命令，将其变为智能对象，按Ctrl+T组合键调出变换框，拖动控制点将其缩小，如图2-50所示。

图2-50

06 按Enter键完成变换。执行菜单"图层|图层样式|投影"命令，打开"图层样式"对话框，勾选"投影"复选框，其中的参数值设置如图2-51所示。

07 设置完成后，单击"确定"按钮，效果如图2-52所示。

08 执行菜单"图层|图层样式|创建图层"命令，将投影变为单独图层，如图2-53所示。

图2-51

图2-52

图2-53

09 选择"椭圆选框工具" ⃝，在属性栏中设置 "羽化"为30。在图像中绘制选区，执行菜单 "图层|图层蒙版|隐藏选区"命令，设置"填 充"为45%，效果如图2-54所示。

图2-54

10 新建一个图层，绘制灰色矩形，如图2-55 所示。

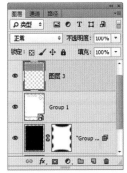

图2-55

11 执行菜单"图层|图层蒙版|显示全部"命令，添 加空白蒙版后，使用"渐变工具" ▣▊从上向下

拖动鼠标，填充从黑色到白色的线性渐变，如 图2-56所示。

图2-56

12 复制"图层3"图层，得到一个副本，执行菜 单"编辑|变换|垂直翻转"命令，将副本移动到 合适位置。至此，信纸效果制作完成，如图2-57 所示。

图2-57

信封正面与背面效果的制作

01 打开之前使用CorelDRAW绘制的信封正面， 将信纸中的灰色图标移动到当前文档中，效果 如图2-58所示。

图2-58

02 将背景填充灰色，选择信封正面将其缩小，如图2-59所示。

图2-59

03 选择信封正面的白色矩形，执行菜单"图层|图层样式|投影"命令，为其添加投影。执行菜单"图层|图层样式|创建图层"命令，将投影变为单独图层，如图2-60所示。

图2-60

04 选择"椭圆选框工具" ⬭，在属性栏中设置"羽化"为30。在图像中绘制选区，执行菜单"图层|图层蒙版|隐藏选区"命令，效果如图2-61所示。

图2-61

05 至此，信封正面效果制作完成，如图2-62所示。

图2-62

图2-62（续）

信封背面展开效果的制作

01 打开背面展开图像，使用与制作正面一样的方法把整体投影制作出来，效果如图2-63所示。

图2-63

02 选择整体区域的图层，使用"魔棒工具" ✦ 创建白色区域的选区，如图2-64所示。

图2-64

03 按Ctrl+C组合键进行复制，再按Ctrl+V组合键进行粘贴，得到一个新图层，如图2-65所示。

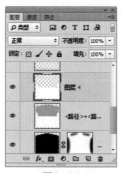

图2-65

04 执行菜单"图层|图层样式|投影"命令，为其添加投影。执行菜单"图层|图层样式|创建图

层"命令,将投影变为单独图层,效果如图2-66所示。

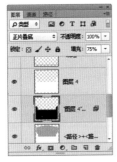

图2-66

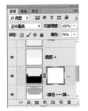 执行菜单"图层|图层蒙版|显示全部"命令,为图层添加图层蒙版,将"前景色"设置为黑色,使用"画笔工具" 🖊 编辑蒙版,效果如图2-67所示。

图2-67

 此时信封背面展开制作完成,效果如图2-68所示。

07 新建一个空白文档,将信纸、信封正面、背面、背面展开,再移入与之配套的素材,将制作的效果摆成VI样式效果,如图2-69所示。

图2-68

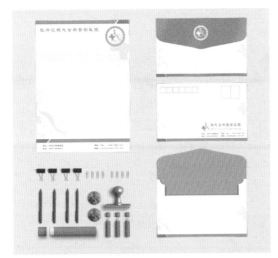

图2-69

★★★★ 2.6 商业案例——企业饮水杯设计与制作

2.6.1 纸质饮水杯类型

纸质饮水杯是一种方便携带和使用,价格低廉的纸质杯子,是许多公司、家庭和公共场所常见的喝水工具。一次性纸杯的制作工艺为四色印刷。一次性纸杯的规格一般如下。

- ➢ 4 盎司 110 mL 68 mm×49 mm×58 mm。
- ➢ 5A 盎司 200 mL 88 mm×73 mm×52 mm。
- ➢ 5B 盎司 160 mL 66 mm×47 mm×74 mm。
- ➢ 5.5 盎司 160 mL 68 mm×49 mm×68 mm。
- ➢ 6.5 盎司 180 mL 70 mm×49 mm×78 mm。
- ➢ 7 盎司 200 mL 73 mm×51 mm×81 mm。

2.6.2 统一配色

企业饮水杯隶属于办公事务用品,办公事务用品是企业信息传达的基本载体,是企业视觉形象的有力传播手段,是企业对内对外沟通交流的直接媒介。在配色上还是以公司的整体配色方案为主,本案例在纸杯的设计配色方面仍然是青色、绿色、白色和黑色,如图2-70所示。

C:100 M:0 Y:100 K:0 R:0 G:155 B:76 #009B4C	C:73 M:0 Y:33 K:0 R:20 G:182 B:184 #14B6B8	C:0 M:0 Y:0 K:0 R:255 G:255 B:255 #FFFFFF	C:93 M:88 Y:89 K:80 R:0 G:0 B:0 #000000

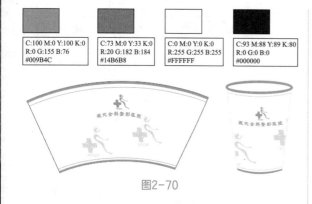

图2-70

2.6.3 使用CorelDRAW绘制纸杯展开图

■ 制作流程

本案例主要使用"椭圆形工具"○绘制椭圆后结合"手绘工具"⊞绘制直线，然后通过"虚拟段删除"⚟删除多余线段，调整曲线宽度后改变颜色，之后移入医院标志完成本例的制作，如图 2-71 所示。

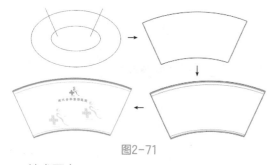

图2-71

■ 技术要点

➢ 使用"椭圆形工具"绘制椭圆；

➢ 使用"手绘工具"绘制直线；

➢ 使用"虚拟段删除"删除多余线段；

➢ 调整轮廓宽度；

➢ 使用"封套工具"对标志进行变形。

■ 操作步骤

01 启动CorelDRAW X8软件，使用"椭圆形工具"○绘制椭圆，复制椭圆并进行缩小，如图2-72所示。

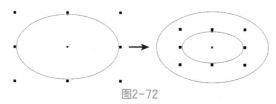

图2-72

02 使用"手绘工具"⊞绘制两条斜线，如图2-73

所示。

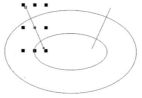

图2-73

03 使用"虚拟段删除"⚟在多余的线段上单击，将多余的线段删除，如图2-74所示。

图2-74

04 选择上面的曲线，将轮廓颜色填充为青色，设置"轮廓宽度"为2.5mm，再复制一个曲线，将其向下移动，使用"形状工具"⚟调整两边，如图2-75所示。

图2-75

05 使用同样的方法将杯底区域进行制作，效果如图2-76所示。

06 复制医院标志，调整大小和位置，效果如图2-77所示。

图2-76 图2-77

07 使用"封套工具"⚟在属性栏中单击"单弧模式"按钮⚟，然后调整控制点，将直线调整为圆弧，效果如图2-78所示。

08 在属性栏中单击"直线模式"按钮⚟，再调整左右最上面的控制点，效果如图2-79所示。

图2-78 图2-79

09 复制医院标志，选择除汉字以外的区域，将其填充为灰色，再将其移动到展开杯子上面。至此，本案例水杯展开图制作完成，效果如图2-80所示。

图2-80

2.6.4 使用CorelDRAW绘制纸杯正视图

■ 制作流程

本案例主要使用"矩形工具"□绘制矩形，转换为曲线后调整形状，再使用"3点椭圆形工具"□绘制椭圆后通过"虚拟段删除"删除多余线段，调整曲线宽度后转换为对象再进行调整，然后移入医院标志，具体操作过程如图2-81所示。

图2-81

■ 技术要点

➢ 使用"3点椭圆形工具"绘制椭圆形；
➢ 使用"矩形工具"绘制矩形；
➢ 转换为曲线；
➢ 使用"虚拟段删除"删除多余线段；
➢ 调整轮廓宽度；
➢ "智能填充工具"填充颜色；
➢ 使用"封套工具"对标志进行变形；
➢ 应用PowerClip内部。

■ 操作步骤

⓪① 启动CorelDRAW X8软件，使用"矩形工具"□绘制矩形，按Ctrl+Q组合键将矩形转换为曲线，再使用"形状工具"调整曲线为梯形，

如图2-82所示。

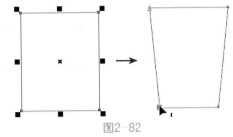

图2-82

⓪② 使用"3点椭圆形工具"□在上下两边分别绘制椭圆形，如图2-83所示。

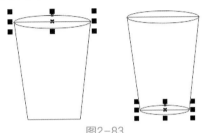

图2-83

⓪③ 使用"虚拟段删除"在多余的线段上单击，将多余的线段删除，使用"智能填充工具"□将下面的区域填充为白色，如图2-84所示。

图2-84

⓪④ 选择上面的椭圆形，将轮廓颜色填充为青色，设置"轮廓宽度"为2.5mm，再选择底部的曲线，设置轮廓颜色填充为青色，设置"轮廓宽度"为2.5mm。复制两个底部的曲线分别向上移动，设置"轮廓宽度"为0.2mm，使用"形状工具"□调整两边，如图2-85所示。

图2-85

⓪⑤ 使用"贝塞尔工具"□绘制一个封闭梯形，复制展开杯子中的灰色图标，效果如图2-86所示。

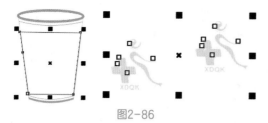

图2-86

⑥ 使用鼠标右键拖曳图标到绘制的梯形上，释放鼠标后，在弹出的下拉菜单中选择"PowerClip内部"命令，如图2-87所示。

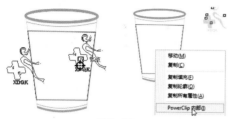

图2-87

⑦ 选择"PowerClip内部"命令后，再单击下面的"编辑PowerClip"按钮，进入编辑区调整图标的位置，效果如图2-88所示。

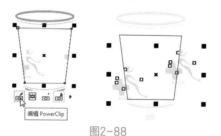

图2-88

⑧ 编辑完成后，单击下面的"停止编辑内容"按钮完成编辑，再去掉轮廓，效果如图2-89所示。

⑨ 复制医院标志，调整大小后将其移动到杯子中间，选择"封套工具"，在属性栏中单击"单弧模式"按钮，然后调整控制点，将直线调整为圆弧，效果如图2-90所示。

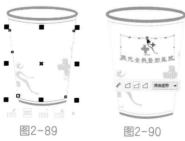

图2-89　　　图2-90

⑩ 在属性栏中单击"直线模式"按钮，再调整左右最上面的控制点，效果如图2-91所示。

⑪ 去掉杯身的轮廓，完成纸杯正式图的绘制，效

果如图2-92所示。

图2-91　　　图2-92

2.6.5　使用Photoshop制作纸杯的立体图

■　制作流程

本案例主要利用"渐变工具"填充渐变并结合"添加杂色"滤镜制作背景，通过"加深工具"将杯身制作出立体感，通过"高斯模糊"滤镜制作杯口立体效果，通过添加阴影制作整个杯子的立体效果，具体操作流程如图 2-93所示。

图2-93

■ 技术要点

➢ 使用"渐变工具"填充渐变背景；

➢ 使用"加深工具"制作立体杯身；

➢ 绘制椭圆形选区进行描边；

➢ 应用"高斯模糊"滤镜；

➢ 使用渐变工具编辑蒙版。

■ 操作步骤

背景制作

01 打开Photoshop CC软件，新建一个空白文档。新建一个图层组并命名为"背景"，在图层组中新建一个图层，使用"渐变工具" ■ 填充从白色到灰色的径向渐变，如图2-94所示。

图2-94

02 复制图层，使用"渐变工具" ■ 填充从白色到灰色的线性渐变，设置"不透明度"为58%，如图2-95所示。

图2-95

03 新建一个图层，使用"矩形工具" ■ 绘制一个矩形，执行菜单"滤镜|模糊|高斯模糊"命令，在打开的"高斯模糊"对话框中设置"半径"为23像素，效果如图2-96所示。

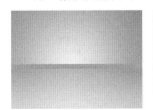 

图2-96

04 选择图层组中的所有图层，按Ctrl+Alt+E组合键，得到一个合并后的图层，执行菜单"滤镜|杂色|添加杂色"命令，打开"添加杂色"对话

框，其中的参数值设置如图2-97所示。

图2-97

05 设置完成后，单击"确定"按钮。在"图层"面板中设置图层混合模式为"柔光"。至此，背景部分制作完成，效果如图2-98所示。

图2-98

立体杯身制作

01 打开"纸杯"并将其拖曳到刚才制作的背景文档中，使用"魔棒工具" ■ 在杯口处单击创建选区，如图2-99所示。

图2-99

02 使用"渐变工具" ■ 填充从白色到灰色的径向渐变，如图2-100所示。

图2-100

03 按Ctrl+D组合键取消选区，使用"加深工

具"⬚在杯身处拖动将两边加深，效果如图2-101所示。

图2-101

04 在杯身图层下方新建一个图层，使用"椭圆选框工具"⬚在杯底处绘制一个椭圆选区，将选区填充为灰色，按Ctrl+D组合键取消选区，执行菜单"滤镜|模糊|高斯模糊"命令，在弹出的"高斯模糊"对话框中设置"半径"为5.0像素，效果如图2-102所示。

图2-102

05 在杯身图层上方新建一个图层，使用"椭圆选框工具"⬚在杯口处绘制一个椭圆选区，效果如图2-103所示。

图2-103

06 执行菜单"编辑|描边"命令，打开"描边"对话框，其中的参数值设置如图2-104所示。

图2-104

07 设置完成后，单击"确定"按钮。按Ctrl+D组合键取消选区，执行菜单"滤镜|模糊|高斯模糊"命令，在弹出的"高斯模糊"对话框中设置"半径"为4.0像素，效果如图2-105所示。

图2-105

08 按住Ctrl键并单击杯身所在图层的缩览图，调出选区，新建一个图层并将选区填充为黑色，按Ctrl+T组合键调出变换框，按住Ctrl键拖动控制点，按Enter键完成变换。在"图层"面板中设置"不透明度"为28%，效果如图2-106所示。

图2-106

09 执行菜单"图层|图层蒙版|显示全部"命令，为图层添加图层蒙版，使用"渐变工具"⬚编辑

中文版Photoshop+CorelDRAW商业案例项目设计完全解析

图层蒙版，效果如图2-107所示。

图2-107

10 新建一个图层，使用"多边形套索工具" ![icon]绘制选区并填充黑色后，为图层添加图层蒙版，再使用"渐变工具" ![icon]编辑图层蒙版，效果如图2-108所示。

图2-108

11 将与杯身有关的图层一同选取，将其进行编组，复制图层组，执行菜单"滤镜|转换为智能滤镜"命令，将副本图层组变为智能对象，再复制一个智能对象图层，如图2-109所示。

图2-109

12 选择一个智能对象图层，执行菜单"滤镜|模糊|高斯模糊"命令，在弹出的"高斯模糊"对话框中设置"半径"为3.0像素，如图2-110所示。

图2-110

13 使用同样的方法将另一只杯子制作模糊效果。至此，立体杯身制作完成，效果如图2-111所示。

图2-111

搅拌条制作

01 新建"组2"，在图层组中新建一个图层，使用"圆角矩形工具" ![icon]绘制一个"圆角半径"为15像素的圆角矩形，如图2-112所示。

图2-112

02 按住Ctrl键并单击圆角矩形的图层缩览图，调出选区后，执行菜单"滤镜|杂色|添加杂色"命令，打开"添加杂色"对话框，设置参数值后单击"确定"按钮，效果如图2-113所示。

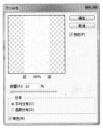

图2-113

03 执行菜单"滤镜|模糊|动感模糊"命令，打开"动感模糊"对话框，设置参数值后单击"确定"按钮，效果如图2-114所示。

04 按Ctrl+D组合键取消选区，按Ctrl+T组合键调出变换框，按住Ctrl键的同时拖动控制点，按Enter键完成变换，效果如图2-115所示。

图2-114

图2-115

图2-118

05 选择"移动工具" ▶️ ，按住Alt键的同时按键盘上的向左方向键8次，效果如图2-116所示。

图2-116

06 选中"图层7 拷贝7"图层以下的图层，按Ctrl+E组合键向下合并，如图2-117所示。

图2-119

图2-117

09 新建一个图层，使用"多边形套索工具" ☑️ 绘制选区并填充黑色后，为图层添加图层蒙版，再使用"渐变工具" ▣ 编辑图层蒙版，效果如图2-120所示。

07 选中合并后的图层，执行菜单"图层|新建调整图层|亮度/对比度"命令，在"亮度/对比度"的"属性"面板中降低亮度，效果如图2-118所示。

08 新建一个图层，选择"多边形套索工具" ☑️ ，在属性栏中设置"羽化"为3，在搅拌条下方绘制选区填充灰色，效果如图2-119所示。

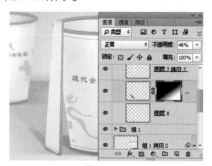

图2-120

⑩ 选中"组2",执行菜单"图层|新建调整图层|色相/饱和度"命令,在"亮度/对比度"的"属性"面板中调整参数值,此时搅拌条制作完成,效果如图2-121所示。

⑪ 至此,纸杯的立体图效果制作完成,如图2-122所示。

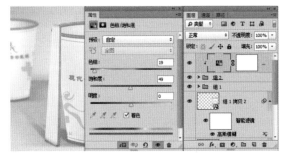

图2-121

图2-122

2.7 优秀作品欣赏

第 3 章

POP促销设计

本章重点：

- ➤ POP促销的概述及作用
- ➤ POP促销中的应用要素
- ➤ POP促销设计原则
- ➤ 商业案例——超市POP促销
- ➤ 海报设计
- ➤ 商业案例——手机促销POP
- ➤ 海报设计
- ➤ 优秀作品欣赏

本章主要从POP促销设计的应用要素、设计原则等方面着手，介绍POP促销设计的相关基础知识，并通过相应的案例制作，引导读者理解POP促销设计的原理和方法，使读者能够快速掌握POP促销设计的方法。在POP促销设计中，营造现场氛围、吸引客户注意、加大商品卖点是设计与制作的核心。

3.1 POP促销的概述及作用

POP促销是指企业在活动现场运用展示牌、标旗、海报做现场促销宣传。零售企业可将商店的标志、标准字、标准色、企业形象图案、宣传标语、口号等制成各种形式的POP广告，以塑造富有特色的企业形象。知名的品牌是店面POP海报上经常出现的一些固定格式的标志，POP主要应用于超市卖场及各类零售终端专卖店等，印刷成统一模板后由美工根据要求填写文字内容，以满足琳琅满目的货品柜面不同的使用要求，机动性和时效性都很强，如图3-1所示。

图3-1

3.2 POP促销中的应用要素

POP促销作品在设计时一定要找准对应的促销点，例如特大喜讯、折扣回馈等。一张完整的POP促销作品包括文字、插图、装饰等，其中的文字部分又包含主标题、副标题、正文、落款、地址、电话等。

3.2.1 文字

文字在POP促销中大体分为标题、正文、地址、电话等，文字部分可以直接表达POP促销的主题，在设计与制作时发挥的潜力非常大，标题的字体一定要醒目、清晰，易于阅读，字数上不宜过多，让大家快速读完是主要目的；一张POP海报要向消费者或顾客阐述的具体内容是什么，都要靠正文部分来体现，一定要简明扼要，避免语句不通；字数不宜过多，颜色尽量统一，如图3-2所示。

图3-2

3.2.2 插图

插图是插在文字中用于解释和说明文字的图画，形象贴切的插图更能烘托主题，会使POP促销海报的视觉冲击力更强。在选择或绘制插图的时候，要根据海报的具体内容来制作。插图是POP广告构成要素中形成广告风格及吸引视觉的重要题材，插图比文字更能够引人注意。插图具有容易激发消费者的兴趣、视觉影响胜于文字和营造活泼的气氛。

文字有国界，插图则没有，一幅正确传达主题、诉求明朗的插图远胜于文案的千言万语，如图3-3所示。

图3-3

3.2.3 装饰

在POP海报中经常会有一些空缺的地方，我们用这些位置来绘制一些装饰图案，起到填充画面空白、丰富画面色彩等作用。装饰图案的表现手法有很多种，例如轮廓装饰、分割装饰、立体装饰、背景装饰、笔画装饰等，如图3-4所示。

图3-4

3.3 POP促销设计原则

POP促销海报在设计尺寸方面有主要张贴的位置，对于具体的尺寸，设计者可以自由发挥，设计时应根据零售店经营商品的特色，如经营档次、零售店的知名度、各种服务状况以及顾客的心理特征与购买习惯，力求设计出最能打动消费者的广告，造型简练、设计醒目。要想在纷繁众多的商品中引起消费者对某一种或某些商品的注意，必须以简洁的形式、新颖的格调、和谐的色彩突出自己的形象，在制作时最好遵循以下原则。

- ➢ 单纯：形象和色彩必须简单明了(也就是简洁性)。
- ➢ 统一：海报的造型与色彩必须和谐，要具有统一的协调效果。
- ➢ 均衡：整个画面需要具有魄力感与均衡效果。
- ➢ 销售重点：海报的构成要素必须化繁为简，尽量挑选重点来表现。
- ➢ 惊奇：海报无论在形式上或内容上都要出奇创新，具有强大的惊奇效果。
- ➢ 技能：海报设计需要有高水准的表现技巧，无论绘制或印刷都不可忽视技能性的表现。

3.4 商业案例——超市POP促销海报设计

3.4.1 设计思路

作为超市的促销海报，大体上可以根据所售卖商品的不同类型，来制作与之对应的POP促销海报。本案例的设计思路是时令水果在刚刚上市时的POP促销海报。既然是针对水果的，在制作和设计时就要以季节和时令水果为主线，夏季水果最好是能在海报中凸显出一种清凉的感觉，所以在主体配色上都是以冷色调为主，加上放置的水果，让买家更加容易感觉到火热的夏季飘出的一种清凉感。

POP海报中的文字，在设计时运用了文字的变形和重组，加上对文字的修饰图案，以此来让文字更加具有视觉性，让买家能够被海报主题文字快速地吸引过来。

3.4.2 配色与布局构图

1. 配色

对于配色的方案大体上可分为类似色、邻近色和对比色，图案配色可以按照不同的颜色调和进行相配。具体的颜色搭配大家可以参考如图3-5所示的色环。

本案例中的配色在文字区域使用对比色搭配的方法，让色调看起来反差大，增强视觉的色彩冲突感，以此来吸引买家的注意，文字设计区域运用的是红与绿的180度的强烈对比配色，如图3-6所示。

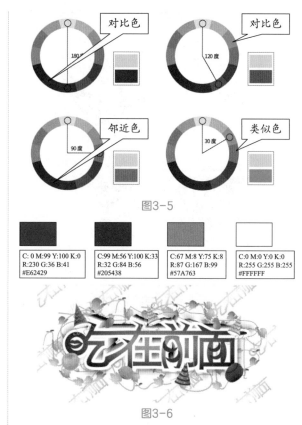

图3-5

C: 0 M:99 Y:100 K:0	C:99 M:56 Y:100 K:33	C:67 M:8 Y:75 K:8	C:0 M:0 Y:0 K:0
R:230 G:36 B:41	R:32 G:84 B:56	R:87 G:167 B:99	R:255 G:255 B:255
#E62429	#205438	#57A763	#FFFFFF

图3-6

本案例中的商品摆放区域使用邻近色搭配的方法，让色调看起来比较接近，以此来平和背景用色，邻近色的配色可以让整体在视觉中具有同一性，使此区域图像看起来更加舒服，如图3-7所示。

C: 24 M:16 Y:5 K:0	C:38 M:34 Y:15 K:0	C:0 M:0 Y:0 K:0
R:201 G:207 B:226	R:171 G:167 B:190	R:255 G:255 B:255
#C9CFE2	#ABA7BE	#FFFFFF

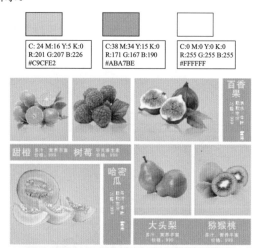

图3-7

2. 布局构图

布局对于设计者来说可以分为前期采集设计和后期加工设计两种，不同的布局可以让画面与主题更恰当地搭配。在很大程度上构图决定作品构思的实现，决定着整个作品的成败，常用的几种布局构图方式如图3-8所示。

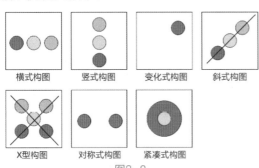

图3-8

大家在看图时的习惯是从上向下、从左向右，本案例中的布局构图就是按照这样的习惯，将整个POP促销海报分成了上下两个部分，上部分的文字区域用来吸引买家的眼球，下部分商品摆放区域并不是简单地按顺序依次放置的，而是以重点与辅助内容的主次进行了构图设计，在视觉中更能体现出商品的内容，让整个图像看起来也更加漂亮，如图3-9所示。

图3-9

3.4.3 使用Photoshop 为POP素材抠图添加倒影

■ 制作流程

本案例主要使用"钢笔工具"[图]沿图像边缘创建路径，转换为选区后进行抠图，复制抠图内容垂直翻转后添加图层蒙版并使用"渐变工具"[图]进行编辑；或是使用"魔术橡皮擦工具"[图]快速进行抠图并添加投影，如图3-10所示。

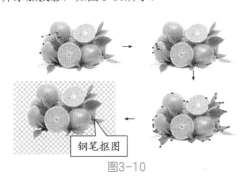

钢笔抠图

图3-10

魔术橡皮擦抠图

图3-10（续）

■ 技术要点

➢ 使用"钢笔工具"创建封闭路径；
➢ 将路径转换成选区；
➢ 复制图像进行垂直翻转；
➢ 添加图层蒙版；
➢ 使用"渐变工具"编辑图层蒙版制作倒影；
➢ 使用"魔术橡皮擦工具"快速进行抠图。

■ 操作步骤

使用钢笔工具进行抠图并制作倒影

01 启动Photoshop CC软件，打开"水果01.jpg"素材文件，使用"钢笔工具"[图]在图像的边缘单击鼠标，移动到第二点后按住鼠标，拖动鼠标调整路径曲线，如图3-11所示。

图3-11

02 释放鼠标后，将指针拖动到锚点上按住Alt键，此时指针右下角出现一个 ▶ 符号，单击鼠标将后面的控制点和控制杆消除，如图3-12所示。

图3-12

▶ **温馨提示**

在Photoshop中使用"钢笔工具"[图]沿图像边缘创建路径时，创建曲线后，当前锚点会同时拥有曲线特性，再创建下一点时，如果不是按照上一锚点的曲线方向进行创建，将会出现路径不能按照自己的意愿进行调整的尴尬局面，此时只要结合Alt键在曲线的锚点上单击取消锚点的曲线特性，再进行下一点曲线创建时就会非常容易。

03 到下一点按住鼠标拖动创建贴合图像的路径曲线，再按住Alt键在锚点上单击，如图3-13所示。

图3-13

04 使用同样的方法在水果边缘创建路径，过程如图3-14所示。

图3-14

05 当起点与终点相交时，指针右下角出现一个圆圈，单击鼠标左键完成路径的创建，如图3-15所示。

图3-15

06 路径创建完成后，按Ctrl+Enter组合键将路径转换为选区，效果如图3-16所示。

图3-16

07 按Ctrl+C组合键进行复制，再按Ctrl+V组合键进行粘贴，得到一个"图层1"图层。为了制作倒影方便，将"背景"图层填充为灰色，如图3-17所示。

图3-17

08 选中"图层1"图层，按Ctrl+J组合键得到一个"图层1拷贝"图层，将其拖曳到"图层1"图层的下方，执行菜单"编辑|变换|垂直翻转"命令，将图像向下移动，如图3-18所示。

图3-18

09 执行菜单"图层|图层蒙版|显示全部"命令，为图层添加一个空白图层蒙版，再使用"渐变工具"填充线性渐变以此来编辑图层蒙版，效果如图3-19所示。

图3-19

10 为了在CorelDRAW中编辑方便，把背景隐藏，如图3-20所示。将其存储为PNG格式以备后用。

图3-20

使用魔术橡皮擦工具快速抠图并制作倒影

01 根据不同的素材还可以通过"魔术橡皮擦工具"进行快速抠图。打开"水果02.jpg"素材文件，选择"魔术橡皮擦工具"后，在属性栏中设置"容差"为20，取消勾选"连续"复选框，使用"魔术橡皮擦工具"在白色背景上单击，可以快速去掉白色背景，如图3-21所示。

图3-21

02 使用"钢笔工具" ☑ 在多余区域上创建路径，按Ctrl+Enter组合键将路径转换为选区，按Delete键删除选区内的图像，如图3-22所示。

图3-22

03 按Ctrl+D组合键取消选区，如果边缘处发白，可以使用"加深工具" ◎ 在边缘处涂抹将其变暗。按Ctrl+J组合键得到一个"图层0拷贝"图层，将其拖曳到"图层0"图层的下方，执行菜单"编辑|变换|垂直翻转"命令，将图像向下移动，如图3-23所示。

图3-23

04 执行菜单"图层|图层蒙版|显示全部"命令，为图层添加一个空白图层蒙版，再使用"渐变工具" ▣ 填充线性渐变以此来编辑图层蒙版，效果如图3-24所示。

图3-24

05 为了在CorelDRAW中编辑方便，把背景隐藏，将其存储为PNG格式以备后用。使用这两种其中任意的一种方法将其他素材进行抠图，如图3-25所示。

图3-25

3.4.4 使用CorelDRAW 制作超市水果促销POP海报

■ 制作流程

本案例主要利用"矩形工具" □ 进行布局，置入素材后应用"PowerClip内部"命令将素材置入图文框内部，输入文字、添加轮廓图、添加立体化等制作标题文字，再通过"艺术笔工具" ﾚ 绘制相应的笔触，具体操作流程如图 3-26所示。

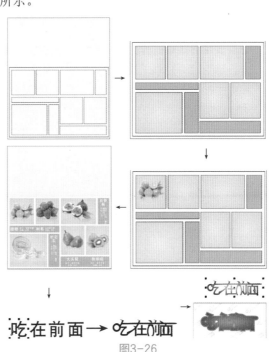

图3-26

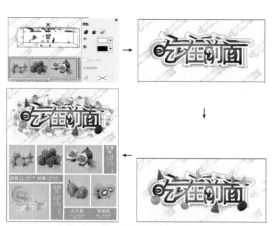

图3-26（续）

■ 技术要点

➤ 绘制矩形进行布局；

➤ 填充椭圆形渐变色；

➤ 应用"属性滴管"进行快速复制；

➤ 应用"PowerClip内部"命令；

➤ 应用"轮廓图工具"；

➤ 应用"立体化工具"；

➤ 应用"阴影工具"；

➤ 应用"透明度工具"；

➤ 应用"插入字符"泊坞窗；

➤ 应用"艺术笔"泊坞窗。

■ 操作步骤

布局及底部商品区域的制作

01 启动CorelDRAW X8软件，使用"矩形工具"□ 在页面绘制矩形，作为POP促销海报的整个版面，再通过"矩形工具"□绘制多个矩形进行相应的布局，如图3-27所示。

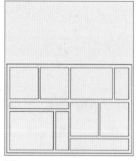

图3-27

02 选择其中的一个小矩形后，选择"交互式填充工具"，再使用"椭圆形渐变填充"将其填充中间为C:20、M:11、Y:0、K:0和边缘为C:29、M:20、Y:8、K:0的椭圆形渐变色，如图3-28所示。

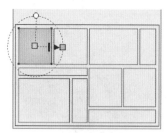

图3-28

03 使用"属性滴管"在填充椭圆形渐变色的矩形上单击，再在另外几个需要填充椭圆形渐变色的矩形上单击，为其填充椭圆形渐变色，如图3-29所示。

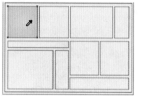
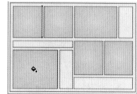

图3-29

04 填充完椭圆形渐变色后，再为剩下的几个小矩形填充颜色为C:38、M:34、Y:15、K:0，将后面的矩形填充为白色，效果如图3-30所示。

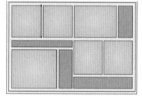
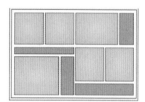

图3-30

05 导入使用Photoshop抠图后的素材，选择其中的一个水果，使用鼠标右键拖曳其到之前布局的小矩形上，释放鼠标后在弹出的快捷菜单中选择"PowerClip内部"命令，如图3-31所示。

图3-31

06 选择"PowerClip内部"命令后，会将水果素材放置到矩形内，单击下面的"编辑PowerClip"按钮，进入编辑区域，拖动控制点调整大小，再调整放置位置，如图3-32所示。

07 单击"停止编辑内容"按钮完成编辑，效果如图3-33所示。

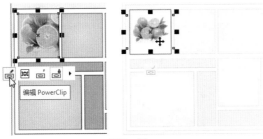
图3-32

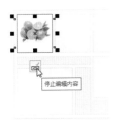
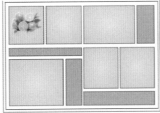
图3-33

08 使用同样的方法将其他素材放置到另几个矩形中，并在单色矩形上输入白色文字，如图3-34所示。

图3-34

09 将矩形的轮廓全部去掉。此时布局及底部商品区域的制作完成，效果如图3-35所示。

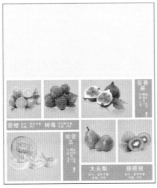
图3-35

标题文本区域的制作

01 使用"文本工具" 字 输入文字，将字体设置为"汉仪中黑简"，如图3-36所示。

吃在前面
图3-36

02 执行菜单"对象|拆分美术字"命令，再执行菜单"对象|转换为曲线"命令，效果如图3-37所示。

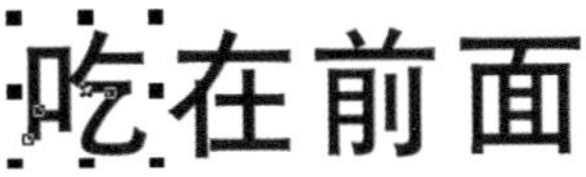

吃在前面
图3-37

03 下面开始对文字进行编辑，在"吃"字前面的"口"字上绘制一个矩形，将矩形和文字一同选取，执行菜单"对象|造型|简化"命令，再将矩形删除，如图3-38所示。

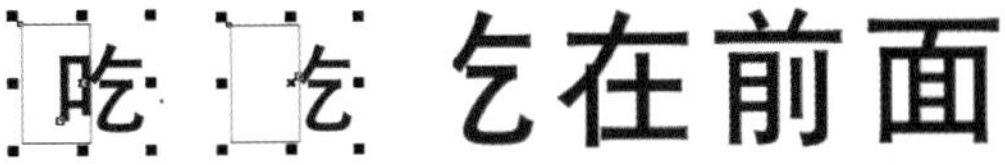

吃 乞 乞在前面
图3-38

04 使用同样的方法将其他文字进行编辑，效果如图3-39所示。

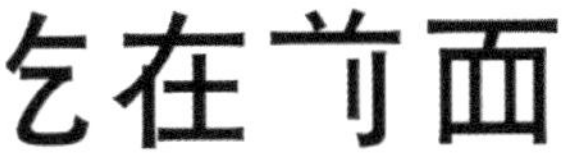

乞在前面
图3-39

05 使用"椭圆形工具" ○ 绘制一个正圆形和一个椭圆形。选择两个形状后，执行菜单"对象|将轮廓转换为对象"命令，如图3-40所示。

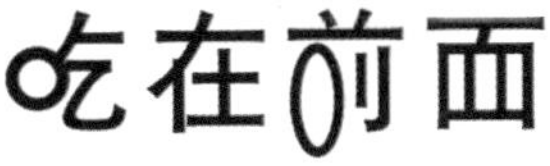

吃在前面
图3-40

06 绘制一个矩形，将矩形和椭圆形一同选取，执行菜单"对象|造型|简化"命令，再将矩形删除，效果如图3-41所示。

在前 吃在前面
图3-41

07 使用"形状工具" 将文本对象进行编辑，效果如图3-42所示。

吃在前面
图3-42

08 将编辑后的对象全部选取，执行菜单"对象|造型|合并"命令，使用"交互式填充工具" 为其填充中间为C:64、M:0、Y:73、K:0和边缘为C:96、M:75、Y:96、K:71的椭圆形渐变色，效果如图3-43所示。

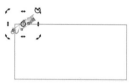

图3-43

09 复制一个副本，在大矩形上绘制一个小矩形，使用鼠标右键拖曳副本到矩形上，释放鼠标后，在弹出的快捷键菜单中选择"PowerClip内部"命令，此时会将文本对象放置到矩形内，单击下面的"编辑PowerClip"按钮，进入编辑区域，将文字缩小并进行旋转，之后复制多个副本移动到合适的位置再调整放置位置，效果如图3-44所示。

图3-44

10 单击"停止编辑内容"按钮完成编辑，再绘制一个白色矩形，使用"透明度工具"调整透明度，效果如图3-45所示。

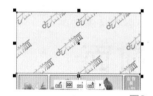

图3-45

11 将之前制作的文本对象拖曳到标题区，使用"轮廓图工具"为其添加轮廓图，效果如图3-46所示。

图3-46

12 执行菜单"对象|拆分轮廓图群组"命令，将文字移到外面备用，效果如图3-47所示。

图3-47

13 选择剩下的轮廓，执行菜单"对象|组合|取消群组"命令，选择后面的对象将轮廓填充为橘色，将填充设置为"无"，再调整大小，效果如图3-48所示。

图3-48

14 选择前面的对象将其填充为白色，使用"立体化工具"向上拖动添加立体化效果，如图3-49所示。

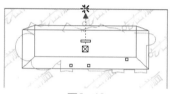

图3-49

15 设置立体化颜色为从白色到黑色，效果如图3-50所示。

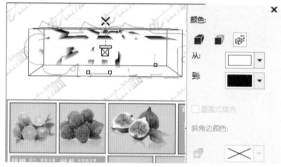

图3-50

16 使用"阴影工具"在立体图上拖动添加阴影，效果如图3-51所示。

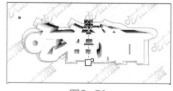

图3-51

17 将文字拖曳到立体化图案上，效果如图3-52所示。

图3-52

18 执行菜单"文本|插入字符"命令，在打开的"插入字符"泊坞窗中选择嘴唇，将其拖曳到文字上并填充为红色，效果如图3-53所示。

图3-53

19 使用"钢笔工具" 绘制月牙和三角形并填充红色，效果如图3-54所示。

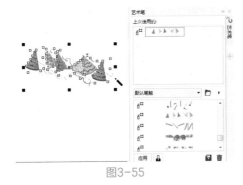

图3-54

20 框选文字区域，按Ctrl+G组合键将其群组，执行菜单"效果|艺术笔"命令，打开"艺术笔"泊坞窗，选择笔触后，在页面中绘制，效果如图3-55所示。

图3-55

21 执行菜单"对象|拆分艺术笔群组"命令，将路径删除，再按Ctrl+U组合键取消群组，选择其中的单个笔触图形，将其移动到文档边缘，效果如图3-56所示。

图3-56

22 使用同样的方法选择其他的笔触绘制后，将其移动到文字边缘，效果如图3-57所示。

图3-57

23 选择叶子，按Ctrl+PgDn组合键多次直到调整到文字后面。至此，本案例制作完成，效果如图3-58所示。

图3-58

★★★★
3.5 商业案例——手机促销POP海报设计

3.5.1 设计思路

手机促销POP海报最主要的就是第一视觉要看到手机本身，标题作为第二视觉点一定要突出并且作为文字来吸引买家的注意。本案例的设计思路是将手机变大，结合跳舞的小人更能凸显手机的大气所在，标题文字应用"爆款"这两个文字，主要目的就是吸引买家注意力，使浏览者产生好奇，最终能快速去看手机实体。其他文字在此POP海报中是为了让买家了解最重要的功能和吸引买家快速进店的承诺。

3.5.2 配色与布局构图

1. 配色

本案例在配色上采用的是黑、白、灰无色彩背景的方案，无色彩可以与任意色彩进行搭配。标题文字区的文字以红、橘搭配黑、白色与背景进行相匹配，这样更能凸显文字的视觉冲击力，正文与修饰区域运用的是无色彩搭配，使之看起来与整体搭配更加雅致，如图3-59所示。

C:0 M:99 Y:100 K:0
R:230 G:36 B:41
#E62429

C:3 M:74 Y:100 K:0
R:232 G:103 B:35
#E86723

C:0 M:0 Y:0 K:100
R:51 G:44 B:43
#332C2B

C:0 M:0 Y:0 K:0
R:255 G:255 B:255
#FFFFFF

C:0 M:0 Y:0 K:30
R:201 G:202 B:202
#C9CACA

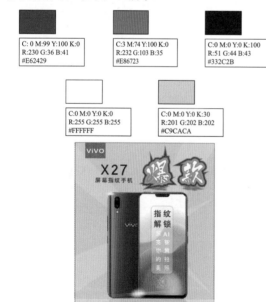

图3-59

2. 布局构图

本案例在布局构图上运用的是较传统的上中下结构，上部有Logo、手机名称和标题文字，中部有手机图和正文，下部有正文和修饰图，如图3-60所示。

图3-60

3.5.3 使用Photoshop 为POP素材抠图添加发光效果

■ 制作流程

本案例主要使用"魔术橡皮擦工具" ▨快速进行抠图，复制图像垂直翻转后添加图层蒙版，使用"渐变工具" ▨将蒙版进行线性渐变编辑，绘制椭圆应用"高斯模糊"滤镜，然后为图层组添加图层蒙版进行渐变编辑，如图 3-61所示。

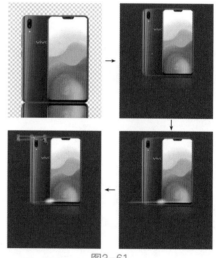

图3-61

■ 技术要点

- ➢ 使用"魔术橡皮擦工具"设置属性后快速抠图；
- ➢ 复制图像进行垂直翻转；
- ➢ 添加图层蒙版；
- ➢ 使用"渐变工具"编辑图层蒙版制作倒影；
- ➢ 使用"椭圆工具"绘制椭圆形；
- ➢ 应用"高斯模糊"滤镜；
- ➢ 为图层组添加图层蒙版进行编辑。

■ 操作步骤

01 启动Photoshop CC软件，打开"手机.jpg"素

材文件，选择"魔术橡皮擦工具" 后，在属性栏中设置"容差"为30，勾选"连续"复选框，在素材的背景上单击，系统会将白色背景清除掉，如图3-62所示。

图3-62

02 按Ctrl+J组合键复制一个图层，选择"图层0"图层，执行菜单"编辑|变换|垂直翻转"命令，将图像进行垂直翻转，将图像向下移动，如图3-63所示。

图3-63

03 执行菜单"图层|图层蒙版|显示全部"命令，为图层添加一个图层蒙版，使用"渐变工具" 从上向下拖动鼠标填充从白色到黑色的线性渐变，如图3-64所示。

图3-64

04 选中"图层0"和"图层0拷贝"图层，按Ctrl+T组合键调出变换框，拖动控制点将其缩小，为了观看方便，在"图层0"图层的下方新建一个"图层1"图层，填充深灰色，如图3-65所示。

05 下面再制作手机上的发光效果。新建一个"组

1"并在"组1"中新建一个图层，使用"椭圆选框工具" 绘制一个椭圆选区，如图3-66所示。

图3-65

图3-66

06 将选区填充为白色，按Ctrl+D组合键取消选区，执行菜单"滤镜|模糊|高斯模糊"命令，打开"高斯模糊"对话框，设置"半径"为1.6像素，单击"确定"按钮，效果如图3-67所示。

图3-67

07 在"图层"面板中设置"不透明度"为62%，然后按Ctrl+J组合键，得到一个当前图层的复制图层，向上调整位置，效果如图3-68所示。

图3-68

08 新建一个图层，绘制一个白色椭圆形，执行菜单"滤镜|模糊|高斯模糊"命令，打开"高斯模糊"对话框，设置"半径"为9.0像素，单击"确定"按钮，效果如图3-69所示。

图3-69

09 按Ctrl+J组合键复制一个图层，然后将"组1"折叠，选中"组1"，执行菜单"图层|图层蒙版|显示全部"命令，为图层组添加一个图层蒙版，使用"渐变工具"从左向右拖动鼠标填充从白色到黑色的对称渐变，效果如图3-70所示。

图3-70

10 按Ctrl+J组合键复制一个图层组，按Ctrl+T组合键调出变换框，拖动控制点将其缩小并移到左上角，效果如图3-71所示。

11 按Enter键完成变换。为了在CorelDRAW中编辑方便，把背景隐藏，将其存储为PNG格式以备后用，如图3-72所示。

图3-71　　　　图3-72

3.5.4　使用CorelDRAW 制作手机促销POP海报

■　制作流程

本案例主要利用"矩形工具"□、"贝塞尔工具"✐结合"透明度工具"▨制作背景和主体部分，应用"轮廓图工具"◉和"阴影工具"�‍◻为标题文字制作轮廓图和阴影，通过"轮廓描摹"命令将位图转换为矢量图，具体操作流程如图 3-73所示。

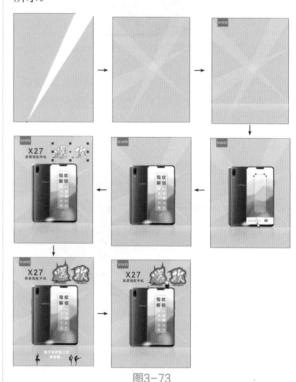

图3-73

■　技术要点

➤　应用"矩形工具"绘制矩形；
➤　应用"贝塞尔工具"绘制三角形；
➤　应用"透明度工具"制作透明效果；
➤　应用"阴影工具"添加阴影；
➤　应用PowerTRACE对话框将位图转换为矢量图。

■　操作步骤

背景的制作

01 启动CorelDRAW X8软件，使用"矩形工具"□在页面绘制一个灰色矩形，将其作为POP促销海报的整个版面，再通过"贝塞尔工具"✐绘制一个白色三角形，如图3-74所示。

图3-74

02 使用"透明度工具"圖调整三角形的不透明度，如图3-75所示。

03 使用同样的方法绘制另外两个三角形，如图3-76所示。

图3-75　　　　　图3-76

04 使用"矩形工具"□在矩形下方部位绘制一个白色矩形，使用"透明度工具"圖在白色矩形上拖动为其进行线性渐变透明编辑，此时背景效果如图3-77所示。

图3-77

05 在左上角处可以直接导入一个手机的Logo，也可以通过绘制蓝色矩形后输入文字的方式来制作手机Logo。此时背景部分制作完成，效果如图3-78所示。

图3-78

手机主体部分的制作

01 导入之前通过Photoshop制作的PNG图片，调整大小和位置，如图3-79所示。

02 使用"矩形工具"□在手机屏幕上绘制矩形，在属性栏中设置4个角的圆角值为5.0mm，效果如图3-80所示。

图3-79　　　　　图3-80

03 使用"透明度工具"圖调整圆角矩形的透明度，再在上面输入文字。至此，手机字体部分制作完成，如图3-81所示。

图3-81

标题区域的制作

01 在手机上方分别输入文字，如图3-82所示。

图3-82

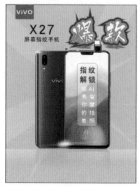

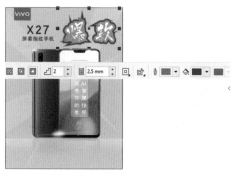

图3-83

03 使用"阴影工具"⬚在添加轮廓图的文字上拖动为其添加阴影。至此，标题区域制作完成，效果如图3-84所示。

图3-84

修饰区域的制作

01 导入"舞蹈1.jpg"素材文件，如图3-85所示。

图3-85

02 执行菜单"位图|轮廓描摹|剪贴画"命令，打开PowerTRACE对话框，其中的参数值设置如图3-86所示。

02 选择文字"爆款"，使用"轮廓图工具"⬚在文字边缘处向外拖动，设置"轮廓图步长"为2，设置"轮廓图偏移"为2.5mm，设置"轮廓色"为"C:3、M:74、Y:100、K:0"，设置"填充色"为"C: 0、M:99、Y:100、K:0"，效果如图3-83所示。

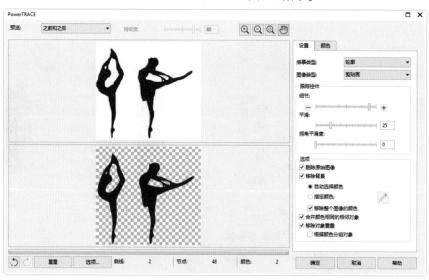

图3-86

03 设置完成后，单击"确定"按钮，再将转换后的图形填充为黑色，调整大小后并将其移动到POP海报的右下角，效果如图3-87所示。

中文版Photoshop+CorelDRAW商业案例项目设计完全解析

图3-87

04 使用同样的方法将"舞蹈2.jpg"素材转换后移动到左下角，效果如图3-88所示。

05 在两个舞蹈人物之间输入吸引买家的文字。至此，本案例制作完成，效果如图3-89所示。

图3-88

图3-89

★★★★

3.6 优秀作品欣赏

04

第 4 章

DM设计

本章重点：

➤ DM广告设计的概述及作用
➤ DM广告的分类
➤ DM广告的组成要素
➤ DM广告的优势

➤ 商业案例——房产3折页DM广告
设计
➤ 商业案例——数码产品DM广告设计
➤ 优秀作品欣赏

本章主要从DM设计的分类、设计原则等方面着手，介绍DM广告设计的相关基础知识，并通过相应的案例制作，引导读者理解DM广告设计的原理及方法，使读者能够快速掌握DM广告的设计方法。在设计后的DM广告中，传达的方式多数以一对一的方式，目的是让读者有亲切感以及优越感，能从DM广告中看出广告重点才是最终的设计目的，以此刺激消费者的计划性购买和冲动性购买。

Direct Mail，也就是通过直接邮寄、赠送等形式，将宣传品送到消费者手中、家里或公司所在地，是一种广告宣传的手段；二是Database Marketing，数据库营销，作为一种在国际上流行多年的成熟媒体形式，DM在美国及其他西方国家已成为众多广告商所青睐及普遍使用的一种主要广告宣传手段，都简称DM广告。

DM广告不同于其他传统广告媒体，它可以有针对性地选择目标对象，按照客户喜好进行设计与传递，从而增加广告的利用率并减少浪费。对于接收的客户来说，容易产生其他传统媒体无法比拟的优越感，使其更自主关注所宣传的产品。一对一地直接发送，可以减少信息传递过程中的客观挥发，使广告客户效果达到最大化，如图4-1所示。

图4-1

★★★★ 4.1 DM广告设计的概述及作用

所谓DM广告中的DM直投有两种解释，一是

中文版Photoshop+CorelDRAW商业案例项目设计完全解析

DM广告的主要作用是最大化地促进销售、提高业绩，DM广告的作用及目的大致可归纳为以下几点。

> 在一定期间内，扩大营业额，并提高毛利率。
> 稳定已有的顾客群并吸引、增加新顾客，以提高客流量。
> 介绍新产品、时令商品或公司重点推广的商品，以稳定消费群。
> 增加特定商品（新产品、季节性商品、自有商品等）的销售，以提高人均消费额。
> 增强企业形象，提高公司知名度。
> 与同行业举办的促销活动竞争。
> 刺激消费者的计划性购买和冲动性购买，提高商场营业额。

图4-2（续）

★★★★ 4.2 DM广告的分类

DM广告形式有广义和狭义之分，广义上包括广告单页，如大家熟悉的街头巷尾、商场超市散布的传单，肯德基、麦当劳的优惠券也包括其中。狭义上的DM广告仅指装订成册的集纳型广告宣传画册，页数在10多页至200多页不等，如一些大型超市邮寄广告页数一般在20页左右。

常见的DM广告类型主要有销售函件、商品目录、商品说明书、小册子、名片、明信片、贺年卡、传真以及电子邮件广告等。免费杂志成为近几年DM广告中发展比较快的媒介，目前主要分布在既具备消费实力又有足够高素质人群的大中型城市中，如图4-2所示。

图4-2

★★★★ 4.3 DM广告的组成要素

一个好的DM广告宣传单，在设计时一定要遵循外观、图像、文字这3个重要的构成要素。

4.3.1 外观

外观要素主要包括DM广告宣传单的尺寸、纸张的厚度、造型的变化等，是刺激消费者眼球的首要因素，如图4-3所示。

图4-3

4.3.2 图像

　　DM宣传广告设计中的图像设计不仅要美观，更要简洁，并表现出一定的差异性。大部分的DM宣传广告的图像是以大量的产品图片堆砌而成，或者是以连篇累牍的文字为主，这样的安排方式会让消费者产生视觉疲劳，也难以把宣传的主题充分展现出来。因此，在DM宣传广告的图像处理上，应该表现出新颖的创意和强烈的视觉冲击力，对文字进行图形化处理也是不错的表现方式，如图4-4所示。

图4-4

4.3.3 文字

　　文字要素可以说是DM宣传广告版面设计的重点，能够充分体现宣传的有效性。设计时需要以突出的字体为表现手法，对消费者进行视觉上的刺激，以表现出产品性能与消费者之间的利益关系，引起读者继续阅读的兴趣，如图4-5所示。

图4-5

图4-5（续）

4.4 DM广告的优势

　　与其他媒体广告相比，DM宣传页可以直接将广告信息传送给真正的消费者，具有成本低、认知度高等优点，为商家宣传自身形象和商品提供了良好的载体。DM宣传广告的优势主要表现在以下几个方面。

➢ 针对性强。DM宣传广告具有强烈的选择性和针对性，其他媒介只能将广告信息笼统地传递给所有消费者，不管消费者是否是广告信息的目标对象。

➢ 广告费用低。与报纸、杂志、电台、电视等媒体发布广告的高昂费用相比，其产生的成本是相当低廉的。

➢ 灵活性强。DM宣传广告的广告主可以根据自身具体情况来任意选择版面大小，并自行确定广告信息的长短及选择全色或单色的印刷形式。

➢ 持续时间长。拿到DM宣传广告后，消费者可以反复翻阅直邮广告信息，并以此作为参照物来详尽了解产品的各项性能指标，直到最后做出购买或舍弃决定。

➢ 广告效应较好。DM宣传广告是由广告主直接派发或寄送给个人的，广告主在付诸实际行动之前，可以参照人口统计因素和地理区位因素选择受传对象，以保证最大限度地使广告信息为受传对象所接受，同时受传者在收到DM广告后，会比较专注地了解其中内容，不受外界干扰。

> 可测定性高。在发出直邮广告之后，可以借助产品销售的增减变化情况及变化幅度来了解广告信息传出之后产生的效果。

> 时间可长可短。DM宣传广告既可以作为专门指定在某一时间期限内送到以产生即时效果的短期广告，也可作为经常性、常年性寄送的长期广告。如一些新开办的商店、餐馆等在开业前夕通常都要向社区居民寄送或派发开业请柬，以吸引顾客、壮大声势。

> 范围可大可小。DM宣传广告既可用于小范围的社会、市区广告，也可用于区域性或全国性广告，如连锁店可采用这种方式提前向消费者进行宣传。

> 隐蔽性强。DM宣传广告是一种非轰动性广告，不易引起竞争对手的察觉和重视。

4.5 商业案例——房产3折页DM广告设计

4.5.1 三折页的尺寸

三折页尺寸，可以大也可以小。大的一般是417×280（A3），折后尺寸为140mm×140mm×137mm，最后一折小一点，以免折的时候偏位而拱起。小的尺寸是297×210（A4），折后尺寸为100mm×100mm×97mm。

设计时都是连着设计，四周各多出3mm做出血位，三折页连着设计时，从左到右第二折也就是中间的这一折是封底，第三折也就是右边的这一折为封面。最左边的一折一般印公司简介，反面的三折都印产品内容。分辨率都在300dpi，若图片不够大的话，250dpi也是可以使用的。

4.5.2 项目分析与设计思路

本案例所设计的商业地产三折页采用双面印刷，正面主要是通过色彩结合图像、文本的组合使版面表现出较强的视觉冲击力，在版面中运用大面积色彩和图像素材图片，重点突出该商业地产的特点与特色。背面则主要是通过图文相结合的方式来介绍该商业地产的相关优势，广告中的内容简洁、条理清晰。

设计时要根据三折页的特点，合理地布局各个设计元素，突出此房产的大气与时尚。

4.5.3 配色与布局构图

1. 配色

本案例中的配色根据案例的特点以绿色为主色，加以黄色和黑白色让整个作品给人以绿荫下的感觉，本作品突出的就是坐落在绿树旁的别墅。通过制作的三折页让浏览者有一种夏季清凉的感觉，绿色同样给人一种活泼青春的感觉，更是万物复苏的一个象征，寓意此处房产生机盎然，如图4-6所示。

| C: 100 M:0 Y:100 K:0
R: 0 G:155 B:76
#009B4C | C: 64 M:0 Y:100 K:0
R:102 G:183 B:59
#66B73B | C:0 M:0Y:100 K:0
R:255 G:240 B:0
#FFF000 |

| C:0 M:0 Y:0 K:100
R:51 G:44 B:43
#332C2B | C:0 M:0 Y:0 K:0
R:255 G:255 B:255
#FFFFFF |

图4-6

2. 布局构图

三折页根据功能划分为左、中、右3个区域，但是在整体布局上还是按照上下结构的方式进行版式构图，然后进行水平内容的详细划分，如图4-7所示。

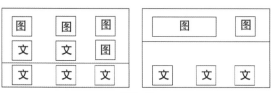

图4-7

4.5.4 使用CorelDRAW 制作房产三折页正面

■ 制作流程

本案例主要使用"矩形工具"□和"贝塞尔工具"✐制作背景，再通过"合并"命令将多个矩形变为一个对象，通过"PowerClip内部"命令将图像放置到图文框内部，输入文字进行合适的位置布局调整，具体操作过程如图 4-8所示。

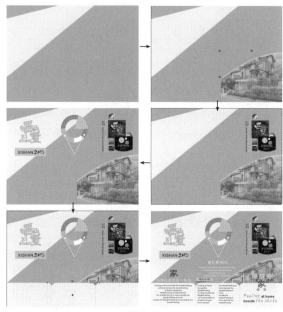

图4-8

■ 技术要点

➢ 使用"矩形工具"绘制矩形；
➢ 使用"贝塞尔工具"绘制图形；
➢ 应用"PowerClip内部"命令（置于图文框内部）；
➢ 使用"椭圆形工具"绘制轮廓和扇形；
➢ 将轮廓转换为对象；
➢ 应用"相交"命令；
➢ 输入文字。

■ 操作步骤

背景制作

01 启动CorelDRAW X8软件，新建一个297mm×210mm的空白文档。执行菜单"工具|选项"命令，打开"选项"对话框，在左侧选择"页面尺寸"选项、右侧设置"出血"为3.0mm，如图4-9所示。

02 单击"确定"按钮，会在页面中看到出血线，如图4-10所示。

图4-9

03 在标尺处按住鼠标向中心拖动，根据三折页的尺寸创建两个参考线，如图4-11所示。

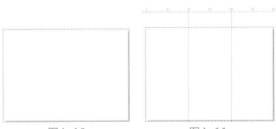

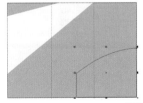 

图4-10　　　　　　图4-11

04 使用"矩形工具"□根据出血线绘制一个绿色矩形，再使用"贝塞尔工具"✐绘制一个封闭的白色图形，如图4-12所示。

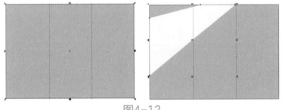

图4-12

05 在右下角处使用"贝塞尔工具"✐绘制一个封闭轮廓，再导入"别墅"素材文件，如图4-13所示。

图4-13

06 使用鼠标右键拖曳别墅图像到绘制的封闭轮廓上，释放鼠标后，在弹出的快捷菜单中选择"PowerClip内部"命令，如图4-14所示。

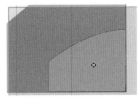 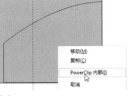

图4-14

07 选择"PowerClip内部"命令后，会将图片置入封闭轮廓图内，单击"编辑PowerClip"按钮🖉，进入编辑状态，使用"透明度工具"▨设置图像的透明效果，如图4-15所示。

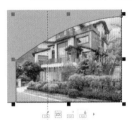 

图4-15

08 设置完成后，单击"停止编辑内容"按钮🖉，完成编辑后去掉轮廓，再使用"贝塞尔工具"✐绘制黄色曲线图形，此时背景部分制作完成，效果如图4-16所示。

图4-16

三折页正面右侧区域制作

01 使用"矩形工具"□绘制6个黄色矩形，轮廓宽度设置为1.0mm。框选6个黄色矩形，执行菜单"对象|造型|合并"命令，将其变为一个对象，如图4-17所示。

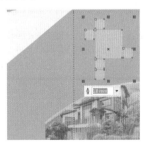

图4-17

02 再导入"别墅"素材文件，使用鼠标右键拖曳别墅图像到绘制的封闭轮廓上，释放鼠标后，在弹出的快捷菜单中选择"PowerClip内部"命令，将素材置入矩形内，在大矩形上绘制一个黑色矩形，使用"透明度工具"⊞设置矩形透明度，如图4-18所示。

图4-18

03 使用"文本工具"字设置合适的字体后，在页面中输入文字，并将文字进行位置的调整，如图4-19所示。

图4-19

04 使用"矩形工具"▢绘制一个黑色矩形，按Ctrl+Q组合键将矩形转换为曲线，使用"形状工具"⬚调整曲线，如图4-20所示。

图4-20

05 在左上角处使用"贝塞尔工具"✍绘制一个封闭的灰色三角形，使用"阴影工具"▢为矩形转换为曲线的图形添加阴影，效果如图4-21所示。

图4-21

06 使用"椭圆形工具"○绘制3个不同颜色的正圆形，再使用"文本工具"字输入文字，如图4-22所示。

图4-22

07 使用"矩形工具"▢在底部绘制一个白色矩形，设置左上角的"转角半径"为10mm，再使用"文本工具"字输入文字，此时三折页正面右侧区域制作完成，效果如图4-23所示。

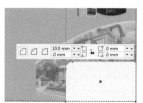

图4-23

三折页正面中间区域制作

01 使用"椭圆形工具"○绘制一个轮廓宽度为10mm的绿色圆环，执行菜单"对象|将轮廓转换为对象"命令，将圆环轮廓转换为对象，如图4-24所示。

图4-24

中文版Photoshop+CorelDRAW商业案例项目设计完全解析

02 使用"贝塞尔工具"✐绘制一个封闭的轮廓，将轮廓与后面的圆环一同选取，执行菜单"对象|造型|相交"命令，得到一个相交后的区域，将此区域填充白色，再删除"贝塞尔工具"✐绘制的轮廓，如图4-25所示。

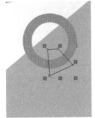

图4-25

03 使用同样的方法再制作一个相交区域，使用"透明度工具"▨设置透明度，使用"椭圆形工具"◯绘制一个黄色扇形，如图4-26所示。

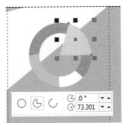

图4-26

04 使用"椭圆形工具"◯结合"贝塞尔工具"✐绘制两个绿色正圆形和绿色线条，复制对象，将其填充为白色并向下移动，如图4-27所示。

图4-27

05 使用"矩形工具"▢在底部绘制一个白色矩形，设置上面两个角的"转角半径"为10mm，效果如图4-28所示。

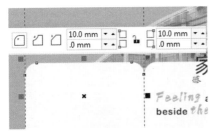

图4-28

06 使用"贝塞尔工具"✐结合"矩形工具"▢绘制一个灰色平行四边形和一个黄色矩形，再使用"文本工具"🔤输入文字。至此，三折页正面中间区域制作完成，效果如图4-29所示。

图4-29

三折页正面左侧区域制作

01 使用"矩形工具"▢在底部绘制一个白色矩形，设置右上角的"转角半径"为10mm，效果如图4-30所示。

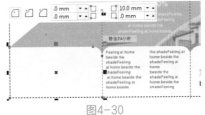

图4-30

02 使用"矩形工具"▢在中间位置绘制一个黄色的矩形，在黄色矩形上输入文字，如图4-31所示。

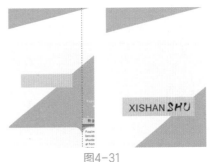

图4-31

03 将右侧黑色透明矩形上的文字复制一个副本,将其拖曳到左侧调整大小,再输入其他文字,此时左侧区域制作完成,整体效果如图4-32所示。

图4-32

4.5.5 使用CorelDRAW制作房产三折页背面

■ 制作流程

本案例主要利用"矩形工具"□进行布局,置入素材后应用"PowerClip内部"命令将素材置入图文框内部,复制对象输入文字,具体操作流程如图4-33所示。

图4-33

■ 技术要点

> 绘制矩形进行布局;

> 使用"PowerClip内部"命令;

> 复制对象;

> 水平翻转。

■ 操作步骤

背景制作

01 新建一个文档并设置出血线后,使用"矩形工具"□根据出血线绘制一个绿色矩形,再在上面绘制一个矩形框,如图4-34所示。

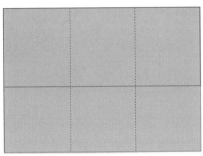

图4-34

02 导入"别墅"素材文件，使用鼠标右键拖曳别墅图像到绘制的矩形轮廓上，释放鼠标后，在弹出的快捷菜单中选择"PowerClip内部"命令，将素材置入到矩形内，去掉轮廓，如图4-35所示。

图4-35

03 使用"矩形工具"□在顶部绘制一个绿色矩形，此时背景制作完成，如图4-36所示。

图4-36

三折页背面右侧区域制作

01 使用"矩形工具"□在素材上面绘制一个与背景一样的矩形，如图4-37所示。

图4-37

02 将正面的矩形转换为曲线后的调整区域复制到此文档的上部，效果如图4-38所示。

03 将正面左侧的圆角矩形复制到此文档中，拖动控制点将其拉高，如图4-39所示。

图4-38　　　　　　　　　图4-39

04 使用"贝塞尔工具"✐绘制3个三角形，分别填充黄色、黑色和绿色，效果如图4-40所示。

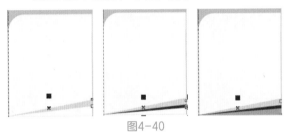

图4-40

05 使用"文本工具"字输入文字，完成三折页背面左侧区域的制作，如图4-41所示。

图4-41

三折页背面左侧和中间区域制作

01 复制正面右侧和中间的圆角矩形，将其放置到背面相同位置，将其拉高，效果如图4-42所示。

图4-42

02 复制右侧的3个三角形到左侧，单击属性栏中的"水平镜像"按钮，效果如图4-43所示。

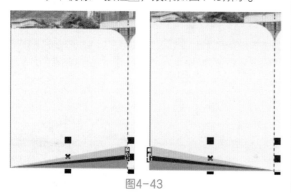

图4-43

03 使用"贝塞尔工具"绘制两个图形分别填充为黄色和黑色，如图4-44所示。

图4-44

04 将正面中的黑色透明矩形上的文字复制到左侧，调整位置大小，效果如图4-45所示。

05 复制正面中黄色矩形和灰色平行四边形到背面，再复制3个副本，使用"椭圆形工具"绘制橘色正圆形，在上面输入数字，如图4-46所示。

图4-45

图4-46

06 最后输入文字，完成本案例的制作，效果如图4-47所示。

图4-47

4.5.6 使用Photoshop制作房产三折页效果图

■ 制作流程

本案例主要利用"矩形工具"结合"多边形套索工具"绘制立体空间，置入正面、背面，添加蒙版制作阴影以及立体感，具体操作流程如图4-48所示。

图4-48

■ 技术要点
  ➢ 绘制矩形进行布局;
  ➢ 使用"多边形套索工具"绘制选区;
  ➢ 使用"扭曲变换、变形"调整图像;
  ➢ 添加图层蒙版;
  ➢ 使用"渐变工具"编辑蒙版。
■ 操作步骤
  背景制作
  ① 打开Photoshop CC软件,新建一个空白文档。使用"矩形工具" ▣ 绘制一个青绿色矩形和一个深灰色矩形,如图4-49所示。
  ② 使用"多边形套索工具" ▷ 绘制一个选区,目的是与之前绘制的两个矩形形成一个立体空间,如图4-50所示。

图4-49   图4-50

  ③ 使用"渐变工具" ▣ 在选区内填充从浅灰到灰色的径向渐变,按Ctrl+D组合键取消选区,此时背景制作完成,如图4-51所示。

图4-51

三折页正面立体效果制作

① 将CorelDRAW绘制的三折页正面置入当前文档中,分成左、中、右3个图层,然后将其放置到同一个图层组中,如图4-52所示。

图4-52

② 选中"右"图层,执行菜单"编辑|变换|扭曲"命令,调出变换框后,拖动控制点将图像进行扭曲,再执行菜单"编辑|变换|变形"命令,将图像进行局部变形,效果如图4-53所示。
③ 按Enter键完成变换。再将左、中两个图层中的图像进行变换调整,如图4-54所示。

图4-53

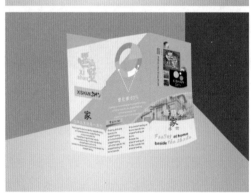

图4-53（续）

图4-54

04 按住Ctrl键，单击"左"图层的缩览图，调出选区后，新建一个图层并填充为黑色，设置"不透明度"为21%，效果如图4-55所示。

图4-55

05 按住Ctrl键，单击"右"图层的缩览图，调出选区后，新建一个图层并填充为黑色，按Ctrl+D组合键取消选区，再执行菜单"图层|图层蒙版

|显示全部"命令，为图层添加图层蒙版。使用"渐变工具" 在蒙版中填充从白色到黑色的线性渐变，设置"不透明度"为21%，效果如图4-56所示。

图4-56

06 选择图层组，按Ctrl+T组合键调出变换框，将图像缩小后再进行旋转，效果如图4-57所示。

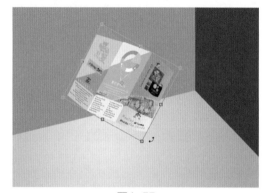

图4-57

07 使用"钢笔工具" 绘制一个三折页的阴影路径，按Ctrl+Enter组合键将路径转换为选区，再将选区填充为深灰色，效果如图4-58所示。

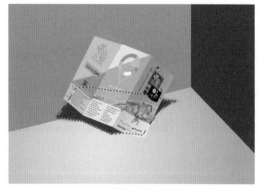

图4-58

▶ 技巧

将路径转换为选区可以直接单击"路径"面板中的"将路径作为选区载入"按钮 ，即可将创建的路径变成可编辑的选区。

08 按Ctrl+D组合键取消选区，为当前图层添加图层蒙版，使用"渐变工具"  在蒙版中填充从白色到黑色的线性渐变，设置"不透明度"为42%，效果如图4-59所示。

图4-59

09 新建一个图层，选择"多边形套索工具"  后，在属性栏中设置"羽化"为20像素，在图像中绘制选区并填充黑色，在"图层"面板中设置"不透明度"为18%，效果如图4-60所示。

图4-60

10 按Ctrl+D组合键取消选区。至此，三折页正面立体效果制作完成，效果如图4-61所示。

图4-61

三折页背面立体效果制作

01 启动Photoshop CC软件，新建一个空白文档。将CorelDRAW绘制的三折页背面置入当前文档中，分成左、中、右3个图层，然后将其放置到同一个图层组中，如图4-62所示。

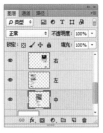

图4-62

02 按住Ctrl键，单击"右"图层的缩览图，调出选区后，新建一个图层并填充为黑色，按Ctrl+D组合键取消选区，再执行菜单"图层|图层蒙版|显示全部"命令，为图层添加图层蒙版。使用"渐变工具"  在蒙版中填充从白色到黑色的线性渐变，效果如图4-63所示。

图4-63

03 复制蒙版图层向中间移动，再复制一个副本向左移动，效果如图4-64所示。

图4-64

04 在"图层"面板的最下端新建一个图层，在属性栏中设置"羽化"为100像素，绘制矩形选区后填充为灰色，按Ctrl+D组合键取消选区，使用"橡皮擦工具"  对边缘进行擦除，此时背面效果制作完成，效果如图4-65所示。

图4-65

05 选择图层组，将其拖曳到"三折页正面立体效果"文档中，按Ctrl+T组合键调出变换框，按住Ctrl键拖动控制点，将图层组中的内容进行扭曲变形，效果如图4-66所示。

图4-66

06 按Enter键完成变换。至此，本案例的房产三折页效果图制作完成，如图4-67所示。

图4-67

4.6 商业案例——数码产品DM广告设计 ★★★★

4.6.1 单页DM宣传单尺寸

标准的16开宣传单尺寸是206mm×285mm，用于印刷，裁切需要每边增加3mm出血，有出血的16开宣传单尺寸是212mm×291mm。

标准的8开宣传单尺寸是420mm×285mm，用于印刷，裁切需要每边增加3mm出血，有出血的8开宣传单尺寸是426mm×291mm。

保证宣传单的尺寸、出血、最小分辨率和CMYK色彩模式，才能符合标准的印刷条件。

4.6.2 项目分析与设计思路

本案例所设计的数码DM宣传单采用双面印刷，正面主要是通过图像之间的结合添加了一些纹理特效，素材、文本组合应用的是中间对齐大小对比、字体对比和颜色对比，使版面更加具有视觉冲击力，在版面中运用大量的图像素材图片，使整个商品更加具有科技感。背面则主要是通过图文相结合的方式来介绍该数码DM宣传单的相关参数，通过表格的方式使内容更具有条理性。

设计时要根据DM宣传单特点，合理地布局各个设计元素，突出数码商品的科技感。

4.6.3 配色与布局构图

1. 配色

本案例中的配色根据案例的特点正面以黑色彩为主色加以白色与青色，背面以白色为主加以黑色和青色，数码产品在设计配色时多数以黑色为主，结合蓝青色相符的特点，更能凸显出数码商品的科技感。由黑色和白色相搭配的图像，可以使内容更加清晰，此时可以是白底黑字，也可以是黑底白字，中间部分由灰色作为分割，可以使整体图像看起来更加一致，无彩色的背景可以与任何的颜色进行搭配，如图4-68所示。

2. 布局构图

本案例中的DM宣传单构图正面以上中下结构进行构图，内容都以居中对齐进行排版；背面同样以上中下结构进行构图，但在具体的内容体现上反面还是进行了更加细致划分，如图4-69所示。

C:0 M:0 Y:0 K:100 R:51 G:44 B:43 #332C2B	C:0 M:0 Y:0 K:0 R:255 G:255 B:255 #FFFFFF	C:0 M:0 Y:0 K: 80 R:95 G:93 B:93 #5F5D5D	C:87 M:43 Y:19 K: 0 R:13 G:123 B:171 #0D7BAB

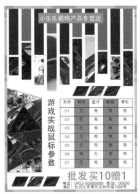

图4-68

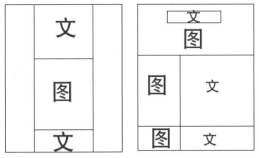

图4-69

4.6.4 使用Photoshop制作数码DM宣传单正面

■ 制作流程

本案例主要置入素材添加图层蒙版，使用"渐变工具" ■编辑图层蒙版以此来制作背景，为商品添加图层样式制作倒影，设置图层混合模式来调整图像混合效果，为文字扩展选区填充颜色，输入不同颜色、不同大小、不同字体的文字，具体操作流程如图 4-70所示。

■ 技术要点

➤ 置入素材添加图层蒙版；

➤ 使用"渐变工具"编辑图层蒙版；

➤ 设置形状描边；

➤ 添加"外发光""内发光"和"光泽"图层样式；

➤ 置入素材并设置图层混合模式为"线性减淡"；

➤ 输入文字扩展选区。

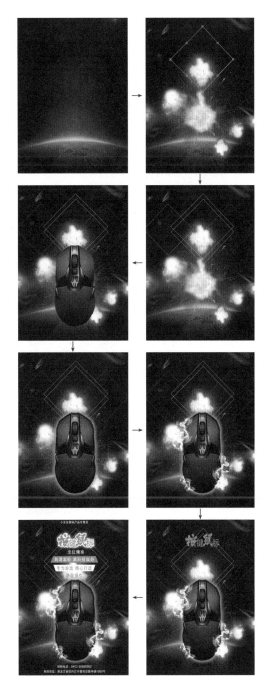

图4-70

■ 操作步骤

背景制作

01 启动Photoshop CC软件，新建一个212mm×291mm的空白文档。打开"星空"素材文件，将其拖曳到新建文档中，调整大小和位置后复制一个图层，如图4-71所示。

02 选中"背景01拷贝"图层，执行菜单"图层|图层蒙版|显示全部"命令，为图层添加图层蒙版。使用"渐变工具" ■在蒙版中填充从白色

到黑色的线性渐变，效果如图4-72所示。

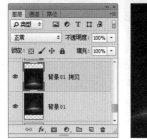

图4-71

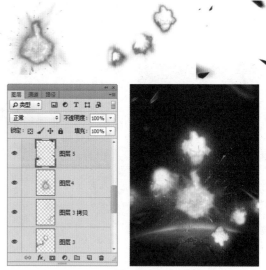

图4-74

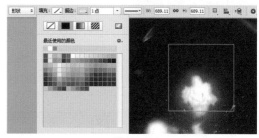

图4-75

06 按Ctrl+T组合键调出变换框，将矩形框旋转45度，复制3个副本移动位置，设置两边的"不透明度"为29%，此时背景部分制作完成，效果如图4-76所示。将背景用到的图层全部放置到一个图层组中，将图层组命名为"背景"。

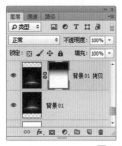

图4-72

03 新建一个图层，使用"椭圆选框工具" ，在右下角绘制一个"羽化"为100像素的正圆选区，将其填充为黑色，效果如图4-73所示。

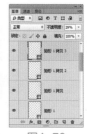

图4-76

商品区域制作

01 新建一个图层组并命名为"商品"，打开"鼠标01.png"素材文件，将其拖曳到"商品"图层组中，将图层命名为"鼠标"，如图4-77所示。

02 执行菜单"图层|图层样式|内发光"命令，打开"图层样式"对话框，分别勾选"内发光""外发光"和"光泽"复选框，其中的参数值设置如图4-78所示。

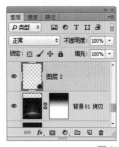

图4-73

04 打开"爆炸.png""爆炸2.png"和"修饰.png"素材文件，将其拖曳到新建文档中，调整大小和位置，效果如图4-74所示。

05 使用"矩形工具" 绘制一个"填充"为"无"、"描边"为青色、"描边宽度"为1、"描边样式"为直线的矩形轮廓，效果如图4-75所示。

图4-77

图4-78

03 设置完成后，单击"确定"按钮，效果如图4-79所示。

图4-79

04 复制一个副本，执行菜单"编辑|变换|垂直翻

转"命令，隐藏图层样式。执行菜单"图层|图层蒙版|显示全部"命令，为图层添加图层蒙版，使用"渐变工具" 在蒙版中填充从白色到黑色的线性渐变，效果如图4-80所示。

图4-80

05 打开"烟雾.png"素材文件，将其拖曳到文档中，设置图层混合模式为"线性减淡"，效果如图4-81所示。

图4-81

06 执行菜单"图层|图层蒙版|显示全部"命令，为图层添加图层蒙版，使用"画笔工具" 在蒙版涂抹黑色，效果如图4-82所示。

图4-82

07 复制烟雾所在的图层,调整位置和大小,效果如图4-83所示。

图4-83

文本区域制作

01 新建一个图层组并命名为"文本",使用"横排文字工具" T 在页面中输入文字,字体将"按"和"鼠"设置为毛笔字体,如图4-84所示。

图4-84

02 按住Ctrl+Shift组合键,再在"图层"面板中单击文字图层的缩览图,调出选区后如图4-85所示。

图4-85

03 在文字的下方新建一个图层,执行菜单"选择|修改|扩展"命令,打开"扩展选区"对话框,设置"扩展量"为10像素,效果如图4-86所示。

04 设置完成后,单击"确定"按钮,将选区填充为白色,效果如图4-87所示。

图4-86　　　　　　图4-87

05 按Ctrl+D组合键取消选区,执行菜单"图层|图层样式|外发光"命令,打开"图层样式"对话框,勾选"外发光"复选框,其中的参数值设置如图4-88所示。

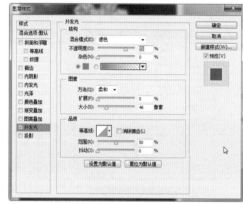

图4-88

06 设置完成后,单击"确定"按钮,效果如图4-89所示。

07 新建两个图层,分别绘制一个青色梯形和一个白色梯形,效果如图4-90所示。

图4-89　　　　　　图4-90

08 使用"横排文字工具" T 在页面中分别输入白色和青色文字,以此来将文字设计成颜色对比样式。至此,本案例制作完成,效果如图4-91所示。

图4-91

4.6.5　使用CorelDRAW制作数码DM宣传单背面

■　制作流程

　　本案例主要使用"矩形工具"□绘制矩形，通过"PowerClip内部"命令将图像放置到图文框内部，绘制轮廓转换为对象后填充"双色图样"，使用"钢笔工具"绘制图形轮廓，应用"智能填充工具"填充颜色，然后将素材置入图形中，最后绘制表格输入文字，具体操作流程如图4-92所示。

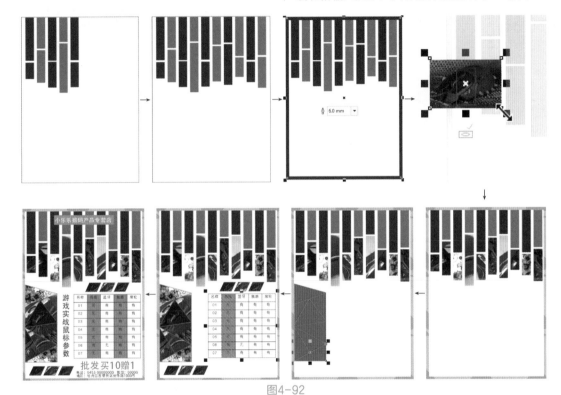

图4-92

■　技术要点

> 使用"矩形工具"绘制矩形；
> 应用"PowerClip内部"命令（置于图文框内部）；
> 将轮廓转换为对象；
> 使用"钢笔工具"绘制图形；
> 使用"双色图样填充"填充对象；
> 使用"智能填充工具"填充图形；
> 使用"表格工具"绘制表格；
> 使用"文本工具"在表格中输入文字。

■　操作步骤

01 启动CorelDRAW X8软件，新建一个206mm×285mm文档，设置出血为3mm，使用"矩形工具"□根据出血线绘制一个矩形，如图4-93所示。

图4-93

02 使用"矩形工具"□绘制多个黑色与灰色的矩形，去掉轮廓，如图4-94所示。

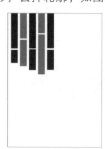 

图4-94

03 使用"矩形工具"□绘制一个212mm×291mm的矩形，设置"轮廓宽度"为6.0mm，如图4-95所示。

图4-95

04 执行菜单"对象|将轮廓转换为对象"命令，将轮廓转换为对象，选择"交互式填充工具"◇后，在属性栏中单击"双色图样填充"按钮▥，在下拉面板中选择填充图样，效果如图4-96所示。

 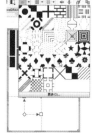

图4-96

05 导入"鼠标02.png""鼠标03.png""鼠标04.png"和"鼠标05.png"素材文件，如图4-97所示。

图4-97

06 使用鼠标右键拖曳一个鼠标素材图像到绘制的矩形轮廓上，释放鼠标后，在弹出的快捷菜单中选择"PowerClip内部"命令。选择"PowerClip内部"命令后，会将图片置入封闭轮廓图内，单击"编辑PowerClip"按钮🖉，进入编辑状态，调整图像大小，如图4-98所示。

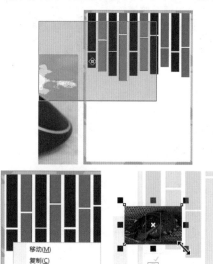

图4-98

07 设置完成后，单击"停止编辑内容"按钮🖉，完成编辑。使用同样的方法将其他矩形也置入鼠标素材，如图4-99所示。

08 使用"钢笔工具"✎绘制如图4-100所示的线条。

09 使用"智能填充工具"🖉为线条组成的区域填充颜色，如图4-101所示。

图4-99

图4-100

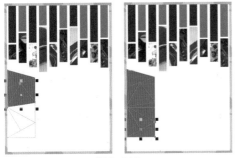

图4-101

⑩ 参考步骤6中的方法将素材置入图形中，如图4-102所示。

图4-102

⑪ 再绘制3个平行四边形，置入素材，复制对象并移到左下角处，效果如图4-103所示。

⑫ 使用"表格工具"圃绘制一个8行5列的表格，再使用"文本工具"字在表格中输入文字，如图4-104所示。

图4-103

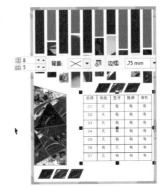

图4-104

⑬ 使用"表格工具"圃选择第2列和第4列将其填充为青色，效果如图4-105所示。

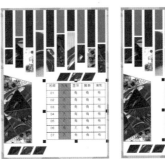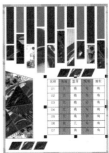

图4-105

⑭ 使用"文本工具"字在页面中输入其他文字。至此，本案例制作完成，效果如图4-106所示。

图4-106

本章重点：

➢ 海报广告设计的概述
➢ 海报广告的分类
➢ 海报广告的形式
➢ 海报广告的设计步骤与设

计元素
➢ 商业案例——电影海报设计
➢ 商业案例——水杯海报设计
➢ 优秀作品欣赏

本章主要从海报广告设计的分类、设计方法等方面着手，介绍海报广告设计的相关基础知识，并通过相应的案例制作，引导读者理解海报广告的应用以及制作方法，使读者能够快速掌握海报广告的设计方法。海报广告的目的就是凸显宣传内容。

等因素形成强烈的视觉效果；它的画面应有较强的视觉中心，应力求新颖、单纯，还必须具有独特的艺术风格和设计特点。当前所流行的制作方法是在计算机上通过相关设计软件来实现表达广告目的和意图，如图5-1所示。

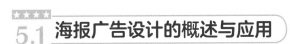

图5-1

5.1 海报广告设计的概述与应用

海报广告设计是基于在计算机平面设计技术应用的基础上，随着广告行业发展所形成的一个新职业。该职业技术的主要特征是必须有相当的号召力与艺术感染力，要调动形象、色彩、构图、形式感

海报广告在应用方面具有尺寸大、远视强和艺术性高等特点。

1.尺寸大

海报广告张贴于公共场所，会受到周围环境和各种因素的干扰，所以必须以大画面及突出的形象和色彩展现在人们面前。其画面尺寸有全开、对开、长三开及特大画面（八张全开）等。

2．远视强

为了给来去匆忙的人们留下视觉印象，除了尺寸大之外，招贴设计还要充分体现定位设计的原理。以突出的商标、标志、标题、图形，或对比强烈的色彩，或大面积的空白，或简练的视觉流程使海报招贴成为视觉焦点。招贴可以说具有广告典型的特征。

3．艺术性高

就招贴的整体而言，它包括商业招贴和非商业招贴两大类。其中商品招贴的表现形式以具体艺术表现力的摄影、造型写实的绘画或漫画形式表现为主，给消费者留下真实感人的画面和富有幽默情趣的感受。

而非商业招贴，内容广泛、形式多样，艺术表现力丰富。特别是文化艺术类的招贴画，根据广告主题可以充分发挥想象力，尽情施展艺术手段。许多追求形式美的画家都积极投身到招贴画的设计中，并且在设计中运用自己的绘画语言，设计出风格各异、形式多样的招贴画。

★★★★
5.2 海报广告的分类

海报按其应用不同大致可分为商业海报、文化海报、电影海报和公益海报等，这里对它们进行简单的介绍。

1．商业海报

商业海报是指宣传商品或商业服务的商业广告性海报。商业海报的设计，要恰当地配合产品的格调和受众对象，如图5-2所示。

图5-2

2．文化海报

文化海报是指各种社会文娱活动及各类展览的宣传海报。展览的种类很多，不同的展览都有它各自的特点，设计师需要了解展览和活动的内容才能运用恰当的方法表现其内容和风格，如图5-3所示。

图5-3

3．电影海报

电影海报是海报的分支，电影海报主要是起到吸引观众注意、刺激电影票房收入的作用，画面要与电影内容相对应，与戏剧海报、文化海报等有几分相似，如图5-4所示。

图5-4

4．公益海报

社会公益海报是带有一定思想性的。这类海报具有特定的对公众的教育意义，其海报主题包括各种社会公益、道德的宣传，或政治思想的宣传，弘扬爱心奉献、共同进步的精神等，如图5-5所示。

图5-5

5.4 海报广告的设计步骤与设计元素

海报广告在设计时应该遵循的步骤与设计元素如表5-1所示。

表5-1 海报广告设计步骤与设计元素

设计步骤	设计元素
（1）这张海报的目的？ （2）目标受众是谁？ （3）他们的接受方式怎么样？ （4）其他同行业类型产品的海报怎么样？ （5）此海报的体现策略？ （6）此海报创意点是什么？ （7）此海报表现手法是什么？ （8）怎么样与产品结合？	（1）充分的视觉冲击力，可以通过图像和色彩来实现。 （2）海报表达的内容精练，抓住主要诉求点。 （3）内容不可过多，突出主体亮点，抓住观看者欣赏习惯。 （4）一般以图片为主，文案为辅。 （5）主题字体醒目。

5.3 海报广告的应用形式

海报广告在设计时的应用形式主要分为店内海报设计、招商海报设计、展览海报设计和平面海报设计等，具体说明如下。

1. 店内海报设计

店内海报通常应用于营业店面内，具有店内装饰和宣传的作用。店内海报的设计需要考虑到店内的整体风格、色调及营业的内容，力求与环境相融。

2. 招商海报设计

招商海报通常以商业宣传为目的，采用引人注目的视觉效果达到宣传某种商品或服务的目的。设计时要表现商业主题、突出重点，不宜太花哨。

3. 展览海报设计

展览海报主要用于展览会的宣传，常分布于街道、影剧院、展览会、商业繁华区、车站、码头、公园等公共场所。它具有传播信息的作用，涉及内容广泛、艺术表现力丰富、远视效果强。

4. 平面海报设计

平面海报设计不同于普通海报设计，它是单体的、独立的一种海报广告文案，这种海报往往需要更多的抽象表达。平面海报设计时没有过多的约束，它可以是随意的一笔，只要能表达出宣传的主体就很好了。所以平面海报是比较受现代广告界青睐的低成本、观赏力强的画报。

5.5 商业案例——电影海报设计

5.5.1 电影海报的设计思路

在制作电影海报时首先要定位当前电影海报的类型，然后才能根据特点进行创作。本案例是科幻电影海报，所以在制作时就要按照科幻风格进行设计，比如星空、爆炸、飞行等元素都可以作为创作的元素。本案例以蜘蛛侠为篮板制作的漫威人物风格海报，在画面中第一视觉点一定要体现出主角，第二视觉点可以通过文字图像化来增强海报的主题，第三、四视觉点主要是以点缀的形式进行布局。背景为了体现科幻风格，运用多个图像相混合后得出的炫彩爆炸画面，为了使文字与人物相呼应，做了斜切处理，这样可以更能体现人物与文字相结合的特点。

5.5.2　配色分析

设计时要根据科幻电影的特点，合理地运用各个色彩元素，突出电影所具有的科幻感觉。

本案例中的配色根据案例的特点以青色为背景的主色，加以绿色、红色，使整个作品给人以空中飞行的动感，本作品突出的是画面中的蜘蛛侠，其他的文字以及修饰部分都是为主角进行辅助的。除了图像自带的色彩，绿色、黑色和灰色加以红色的外发光，都可以与背景中爆炸的修饰产生强烈的动感，如图5-6所示。

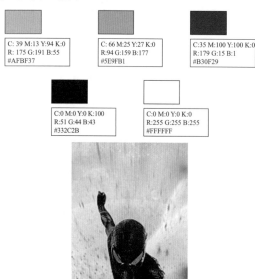

图5-6

5.5.3　海报的构图布局

布局构图是设计海报非常重要的一项内容，好的布局结构可以在视觉中产生美感。本案例是按照传统的从上向下的构图方法，正好也是符合人们看

图时的一个习惯，上面直接摆放主角人物用以突出海报的重点，中间用文字加以编辑修饰，和人物构成相辅相成的视觉效果，下面的修饰图像和文字起到辅助说明的作用，如图5-7所示。

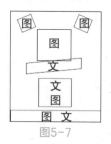

图5-7

5.5.4　使用CorelDRAW 制作电影海报中的文字部分

■　制作流程

本案例主要使用"文本工具"字输入文字，为文字添加轮廓图后进行设置，拆分轮廓图再将素材置于文本内部，最后为文本添加阴影，具体操作流程如图 5-8所示。

图5-8

■　技术要点

> 使用"文本工具"输入文字；
> 使用"轮廓图工具"添加轮廓图；
> 复制轮廓图；
> 拆分轮廓图；
> 应用"置于图文框内部"命令；
> 使用"阴影工具"添加阴影。

■　操作步骤

01　启动CorelDRAW X8软件，新建一个空白文档。使用"文本工具"字在文档中输入文字，选择一个较方正的字体，如图5-9所示。

02　选择下面的大文字，使用"轮廓图工具"在文字边缘处向外拖动，使其产生轮廓图效果，如图5-10所示。

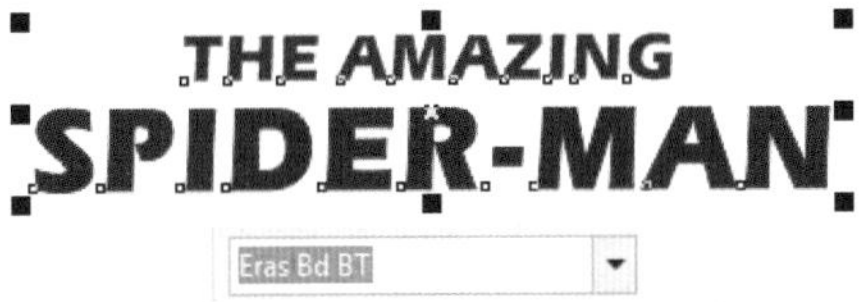

THE AMAZING SPIDER-MAN

Eras Bd BT

图5-9

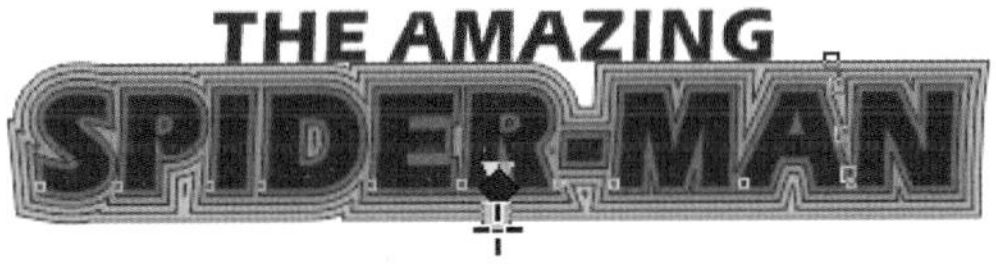

THE AMAZING SPIDER-MAN

图5-10

03 在属性栏中设置"轮廓图步长"为2、"轮廓图偏移"为1.0mm，设置"填充色"为浅绿色，如图5-11所示。

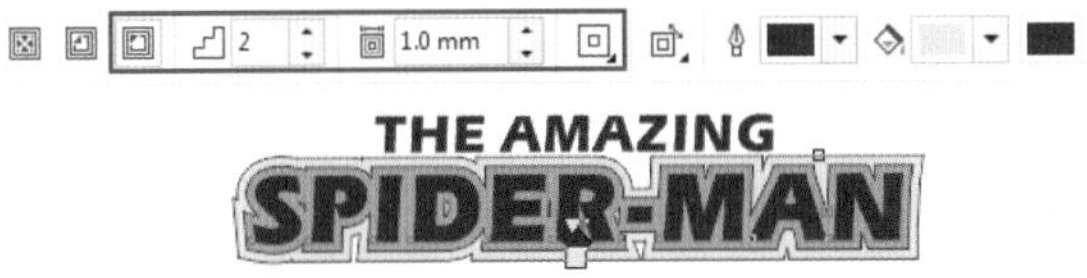

THE AMAZING SPIDER-MAN

图5-11

04 在"调色板"泊坞窗中右击"无填充"按钮⊠，去掉轮廓，如图5-12所示。

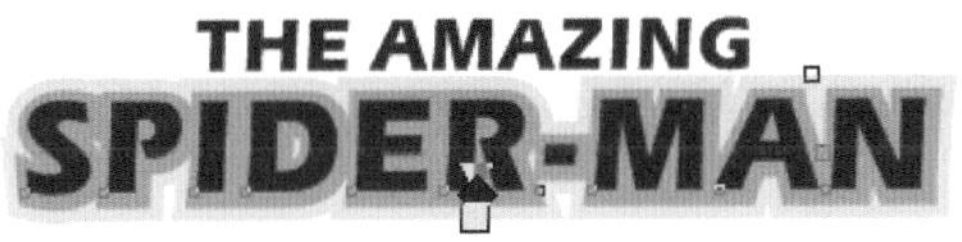

THE AMAZING SPIDER-MAN

图5-12

05 使用"属性滴管工具"☑在文字轮廓图上单击，然后在小文字上单击，复制大文字的轮廓图，如图5-13所示。

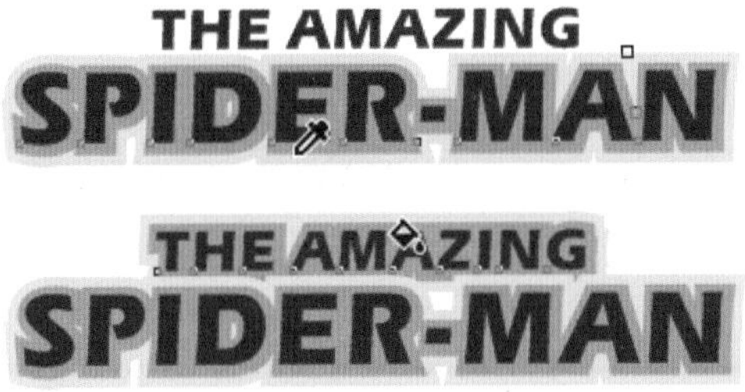

THE AMAZING SPIDER-MAN

THE AMAZING SPIDER-MAN

图5-13

06 在属性栏中将"轮廓图偏移"设置为0.5mm，效果如图5-14所示。

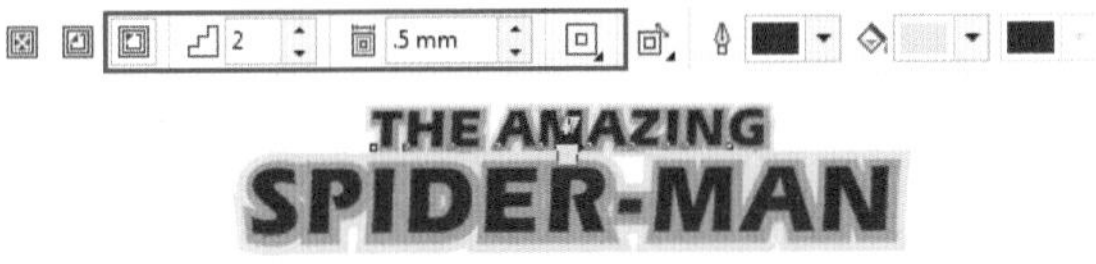

THE AMAZING SPIDER-MAN

图5-14

07 选择大文字，执行菜单"对象|拆分轮廓图群

组"命令，将文字与轮廓分开，再导入"蜘蛛.jpg"素材文件，如图5-15所示。

图5-15

08 选择"蜘蛛"素材，执行菜单"对象|PowerClip|置于图文框内部"命令，此时鼠标指针变为一个箭头符号，用箭头单击文字，如图5-16所示。

图5-16

09 单击文字后会将素材置入文字中，如图5-17所示。

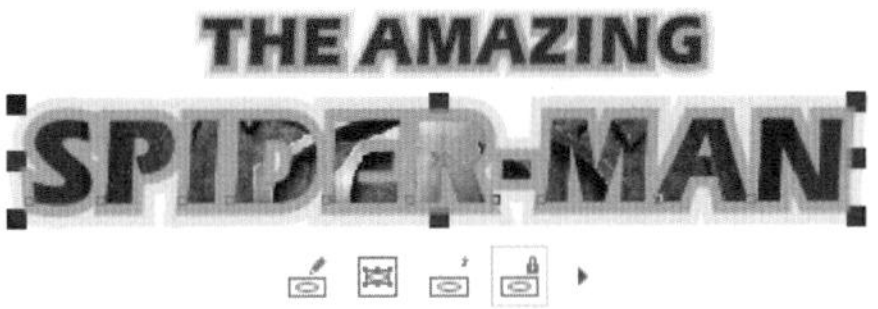

THE AMAZING SPIDER-MAN

图5-17

10 单击"编辑PowerClip"按钮☑，进入编辑状态，移动素材的位置并调整大小，如图5-18所示。

图5-18

11 调整完成后单击"停止编辑内容"按钮☑，为文字单独添加黑色轮廓，分别为两组文字和轮廓图调整斜切。再使用"阴影工具"☑在文字

上拖动，为其添加一个阴影，如图5-19所示。

图5-19

按Ctrl+K组合键拆分阴影后，调整一下阴影位置。至此，文字部分制作完成，如图5-20所示。

图5-20

5.5.5　使用Photoshop 制作电影海报的最终合成效果

■　制作流程

　　本案例主要利用多图像运用混合模式结合图层蒙版制作背景，变换文字添加图层样式制作文本的效果，通过盖印图层应用"高反差保留"滤镜制作清晰度，具体操作流程如图 5-21所示。

图5-21

■　技术要点

　　➢　为图层设置混合模式；

　　➢　添加图层蒙版，应用"渐变工具"进行编辑；

　　➢　变换图像；

　　➢　添加"外发光"图层样式；

　　➢　盖印图层；

　　➢　应用"高反差保留"命令结合混合模式调整图像清晰度。

■　操作步骤

　　背景制作

01　启动Photoshop CC软件，新建一个小一点尺寸的海报空白文档。打开本案例用到的素材文件，如图5-22所示。

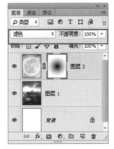

图5-22

02 将"科幻景象.jpg"素材文件拖曳到空白文档中并调整大小,再将"月球.jpg"素材拖曳进来,执行菜单"图层|图层蒙版|显示全部"命令,为"月球"所在的图层创建图层蒙版,使用"渐变工具" 在蒙版中填充从黑色到白色的径向渐变,设置图层混合模式为"滤色",效果如图5-23所示。

图5-23

03 再将"喷泉.jpg"素材拖曳进来,执行菜单"图层|图层蒙版|显示全部"命令,为图层创建图层蒙版,使用"渐变工具" 在蒙版中填充从黑色到白色的线性渐变,效果如图5-24所示。

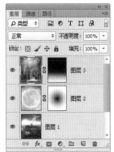

图5-24

04 再将"奔.jpg"素材拖曳进来,添加图层蒙版后,使用"渐变工具" 在蒙版中填充从黑色到白色的线性渐变,效果如图5-25所示。

图5-25

05 再将"星空.jpg"素材文件拖曳进来,设置图层混合模式为"排除"、"不透明度"为79%,效果如图5-26所示。

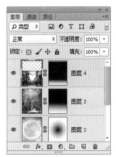

图5-26

06 转换到"通道"面板中,新建一个Alpha1通道,执行菜单"滤镜|渲染|云彩"命令,效果如图5-27所示。

07 执行菜单"滤镜|像素化|铜版雕刻"命令,打开"铜版雕刻"对话框,设置"类型"为"中长

描边"，如图5-28所示。

图5-27

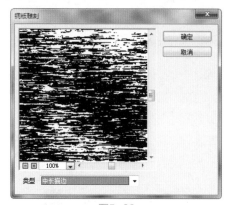

图5-28

08 设置完成后，单击"确定"按钮。再执行菜单"滤镜|模糊|径向模糊"命令，打开"径向模糊"对话框，其中的参数值设置如图5-29所示。

图5-29

09 设置完成后，单击"确定"按钮。按住Ctrl键单击Alpha1通道的缩览图调出选区，效果如图5-30所示。

10 转换到"图层"面板中，新建一个图层，将选区填充为白色，按Ctrl+D组合键取消选区，效果如图5-31所示。

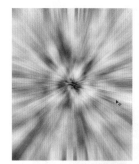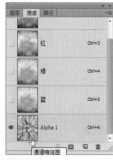

图5-30

图5-31

11 为图层添加图层蒙版，使用"渐变工具" 在蒙版中填充从黑色到白色的径向渐变，设置图层混合模式为"叠加"、"不透明度"为63%。至此，背景部分制作完成，效果如图5-32所示。

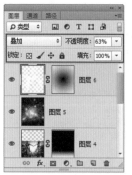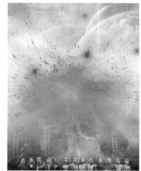

图5-32

人物及修饰区域制作

01 将"蜘蛛人"和"飞碟"素材文件拖曳进来，调整位置和大小，如图5-33所示。

图5-33

02 新建一个图层，在底部绘制一个黑色的矩形，为图层添加图层蒙版，使用"渐变工具" 在蒙版中填充从黑色到白色的线性渐变，效果如图5-34所示。

图5-34

03 按住Ctrl键单击"蜘蛛人"所在图层的缩览图，调出图像的选区，新建一个图层并将选区填充为黑色，按Ctrl+T组合键调出变换框，拖动控制点将图像缩小，如图5-35所示。

04 按Enter键完成变换。按Ctrl+D组合键取消选区。至此，人物及修饰区域制作完成，效果如图5-36所示。

图5-35   图5-36

文本区域制作

01 导入CorelDRAW制作的文字区域，将其放置到蜘蛛人的下面，效果如图5-37所示。

02 按Ctrl+T组合键调出变换框，按住Ctrl键拖动控制点，将图像进行斜切处理，效果如图5-38所示。

图5-37   图5-38

03 按Enter键完成变换。执行菜单"图层|图层样式|外发光"命令，打开"图层样式"对话框，勾选"外发光"复选框，其中的参数值设置如图5-39所示。

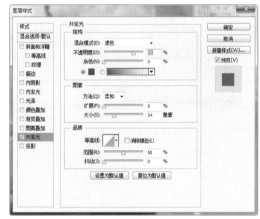

图5-39

04 设置完成后，单击"确定"按钮，效果如图5-40所示。

05 为图层添加图层蒙版，使用黑色画笔在蜘蛛人手指处涂抹，效果如图5-41所示。

图5-40

图5-41

06 输入黑色文字，在应用"外发光"图层样式的图层上右击，在弹出的快捷菜单中选择"拷贝图层样式"命令，再在黑色文字图层上右击，在弹出的快捷菜单中选择"粘贴图层样式"命令，效果如图5-42所示。

图5-42

07 再输入其他的文字。至此，文字部分制作完成，效果如图5-43所示。

图5-43

清晰度调整

01 选中"图层"面板中的最上层，按Ctrl+Shift+Alt+E组合键盖印图层，效果如图5-44所示。

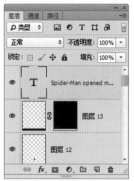

图5-44

> **技巧**
>
> 在"图层"面板中按Ctrl+E组合键可以将当前图层和下面的图层合并为一个图层；按Ctrl+Shift+E组合键可以将"图层"面板中的所有可见图层合并；按Ctrl+Alt+E组合键可以将"图层"面板中选择的图层盖印一个合并图层；按Ctrl+Shift+Alt+E组合键可以将"图层"面板中的所有图层盖印一个合并图层。

02 执行菜单"滤镜|其他|高反差保留"命令，打开"高反差保留"对话框，设置"半径"为3.0像素，如图5-45所示。

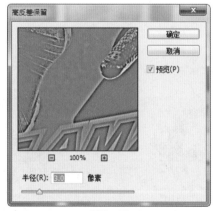

图5-45

03 设置完成后，单击"确定"按钮。在"图层"面板中设置图层混合模式为"线性光"、"不透明度"为50%。至此，本案例制作完成，效果如图5-46所示。

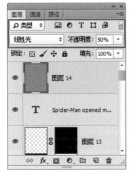

图5-46

加上灰色的石头台面，可以让展台以及商品本身更加突出，文本的配色以粉色为主调，可以与青色形成更好的对比，以此凸显文本内容，如图5-47所示。

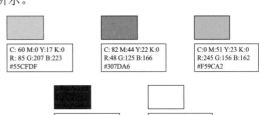

C: 60 M:0 Y:17 K:0
R: 85 G:207 B:223
#55CFDF

C: 82 M:44 Y:22 K:0
R:48 G:125 B:166
#307DA6

C:0 M:51 Y:23 K:0
R:245 G:156 B:162
#F59CA2

C:0 M:0 Y:0 K:100
R:51 G:44 B:43
#332C2B

C:0 M:0 Y:0 K:0
R:255 G:255 B:255
#FFFFFF

图5-47

5.6 商业案例——水杯海报设计

5.6.1 水杯海报的设计思路

在制作水杯海报时首先要考虑的是水晶水杯的透明效果，只有透明的玻璃才能看到杯子里的内容，这里对杯子抠图就需要用到"通道"面板了。杯子抠图完成之后就需要考虑商品的摆放了，所以制作一个石台是很有必要的，接下来就需要对商品本身进行文字的直接说明了，文字区域需要将文本按照字体以及大小对比进行相应的布局调整。最后通过透视使文本区域与墙体相适应。

本海报的第一视觉一定要凸显出水杯，第二视觉用文字对主题进行辅助说明，第三、四视觉区主要是以点缀的形式进行布局。

5.6.2 配色分析

设计时要根据水晶杯的特点进行配色，因为杯子是透明的，所以在配色上就要在背景和文字上进行考虑了。

本案例中的配色以渐变青色为背景的主色，

5.6.3 海报的构图布局

本海报的构图是以水平的左右方式搭配的，左边是商品、右边是文本，设计构图符合从左向右看图的习惯，为了让背景更具有空间立体感，布局中按地面和墙角进行划分，如图5-48所示。

图5-48

5.6.4 使用CorelDRAW 制作水杯海报中的文字区域

■ 制作流程

本案例主要使用"文本工具"字输入文字，拆分后重新调整位置并改变字体，合并文字后将素材置入文字中，使用"艺术笔"泊坞窗绘制艺术笔，具体操作流程如图5-49所示。

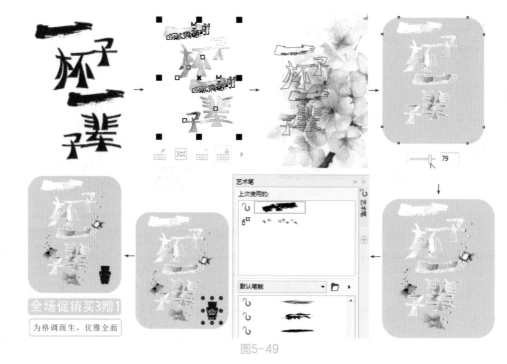

图5-49

■ 技术要点

> 使用"文本工具"输入文字；

> 拆分文字后重新调整位置；

> 设置文字的字体；

> 使用"合并"命令合并文字；

> 应用"PowerClip内部"命令；

> 绘制圆角矩形，使用"透明度工具"调整透明度；

> 使用"艺术笔"泊坞窗添加艺术笔。

■ 操作步骤

01 启动CorelDRAW X8软件，新建一个空白文档。使用"文本工具"字在文档中输入文字，执行菜单"对象|拆分美术字"命令，将文字拆分后重新摆放文字位置并设置文字的字体，如图5-50所示。

图5-50

02 框选文字，执行菜单"对象|造型|合并"命令，将文字合并为一个整体，导入"花.jpg"素材，如图5-51所示。

图5-51

03 使用鼠标右键拖曳花图像到文本上，释放鼠标后，在弹出的快捷菜单中选择"PowerClip内部"命令，如图5-52所示。

图5-52

04 选择"PowerClip内部"命令后，会将图片置入封闭轮廓图内，单击"编辑PowerClip"按钮，进入编辑状态，调整素材的置入位置，如

图5-53所示。

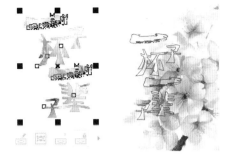

图5-53

05 设置完成后，单击"停止编辑内容"按钮，完成编辑后将轮廓填充为白色，效果如图5-54所示。

06 在文字后面使用"矩形工具" 绘制一个4个角都是8.0mm的圆角矩形，使用"透明度工具" 将圆角矩形设置为透明，效果如图5-55所示。

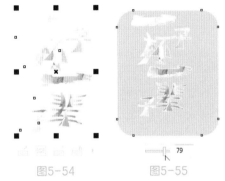

图5-54 图5-55

07 执行菜单"效果|艺术笔"命令，打开"艺术笔"泊坞窗，选择金鱼笔触，在页面中绘制，效果如图5-56所示。

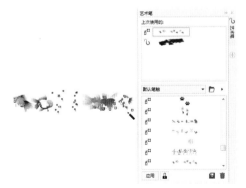

图5-56

08 执行菜单"对象|拆分艺术笔群组"命令或按Ctrl+K组合键，选择拆分后的路径并将其删除。选择剩余的金鱼，执行菜单"对象|组合|取消组合对象"命令或按Ctrl+U组合键，然后将需要的金鱼和气泡拖曳到文字边缘并调整大小，效果如图5-57所示。

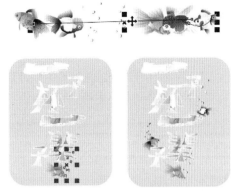

图5-57

09 在"艺术笔"泊坞窗中选择一个笔触，在圆角矩形右下角处绘制，再在上面输入红色文字，效果如图5-58所示。

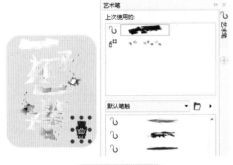

图5-58

10 绘制两个圆角矩形并在上面输入文字。至此，文字区域制作完成，效果如图5-59所示。

图5-59

5.6.5 使用Photoshop 制作水杯海报的最终合成效果

■ 制作流程

本案例主要利用"渐变工具"  制作背景，绘制以及移入素材应用"剪贴蒙版"编辑图像，通过"通道"面板抠出半透明图像，再使用"透视变换"制作透视图像，最后通过盖印图层应用"高反差保留"滤镜制作清晰度，具体操作流程如图5-60所示。

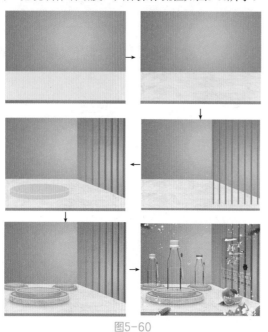

图5-60

■ 技术要点

> 使用"渐变工具"填充渐变色；
> 使用"创建剪贴蒙版"编辑图像；
> 添加图层蒙版应用"渐变工具"进行编辑；
> 添加"斜面和浮雕"和"投影"图层样式；
> "高斯模糊"滤镜制作模糊效果；
> 应用"通道"抠出白透明图像；
> 变换图像；
> 盖印图层；
> 应用"高反差保留"命令结合混合模式调整图像清晰度。

■ 操作步骤

背景制作

01 启动Photoshop CC软件，新建一个180mm×135mm的空白文档。在工具栏中设置"前景

色"为R:85、G:207、B:223，设置"背景色"为R:48、G:125、B:166。使用"渐变工具"  在页面中填充从前景色到背景色的径向渐变，如图5-61所示。

图5-61

02 新建"组1"，使用"矩形工具"  在页面中绘制一个灰色矩形，效果如图5-62所示。

图5-62

03 将"石头.png"素材拖曳进来，执行菜单"图层|创建剪贴蒙版"命令，为图层创建剪贴蒙版，效果如图5-63所示。

图5-63

▶ 技巧

在"图层"面板中两个图层之间按住Alt键，此时光标会变成 形状，单击即可转换上面的图层为剪贴蒙版图层，如图5-64所示。在剪贴蒙版的图层间单击，此时光标会变成 形状，单击可以取消剪贴蒙版设置。

中文版Photoshop+CorelDRAW商业案例项目设计完全解析

图5-64

04 复制矩形和石头图层，得到两个复制图层，将"矩形1拷贝"图层中的矩形缩小并填充为深灰色，效果如图5-65所示。

图5-65

05 调整图层顺序后，新建一个图层，绘制一条白色直线，并将其添加"投影"图层样式，效果如图5-66所示。

图5-66

06 新建一个图层，使用"多边形套索工具" ￼绘制选区后，再使用"渐变工具" ￼在选区中填充从R: 85、G:207、B:223到R:48、G:125、B:166的径向渐变，效果如图5-67所示。

07 新建一个图层，绘制8条青色线条，如图5-68所示。

08 执行菜单"图层|创建剪贴蒙版"命令，为图层创建剪贴蒙版，再执行菜单"图层|图层蒙版|显示全部"命令，为图层添加图层蒙版，然后使用"渐变工具" ￼在蒙版中填充从黑色到白色

的线性渐变，效果如图5-69所示。

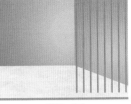

图5-67　　　　　　　图5-68

图5-69

09 执行菜单"图层|图层样式|投影"命令，打开"图层样式"对话框，勾选"投影"复选框，其中的参数值设置如图5-70所示。

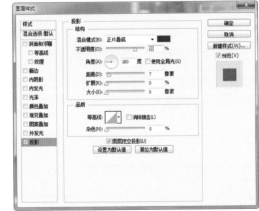

图5-70

10 设置完成后，单击"确定"按钮。至此，背景部分制作完成，效果如图5-71所示。

图5-71

石头台制作

01 新建"组2"，使用"椭圆工具" ￼绘制一个灰色椭圆形，如图5-72所示。

图5-72

02 选择"移动工具" ▶ 后，按住Alt键的同时按键盘上的向上方向键数次，得到立体效果，如图5-73所示。

图5-73

03 将最上面以下的椭圆形图层一同选取，按Ctrl+E组合键合并图层，将最上面椭圆形图层命名为"椭圆1"图层，执行菜单"图层|图层样式|斜面和浮雕"命令，打开"图层样式"对话框，勾选"斜面和浮雕"复选框，其中的参数值设置如图5-74所示。

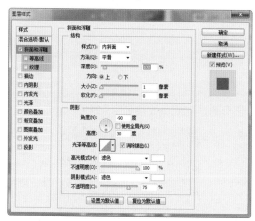

图5-74

04 设置完成后，单击"确定"按钮，效果如图5-75所示。

05 置入"石头.png"素材，为图层创建剪贴蒙版，设置图层混合模式为"正片叠底"、"不

透明度"为21%，效果如图5-76所示。

图5-75

图5-76

06 按住Alt键将"石头"所在的图层复制一个副本，设置图层混合模式为"正片叠底"、"不透明度"为100%，效果如图5-77所示。

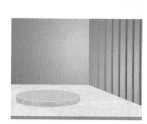

图5-77

07 复制"椭圆1"图层，将副本填充深一点灰色，将其调整到底层。执行菜单"滤镜|模糊|高斯模糊"命令，设置"半径"为3.0像素，效果如图5-78所示。

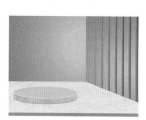

图5-78

08 再复制一个副本，执行菜单"滤镜|模糊|高斯模糊"命令，将模糊值设置得大一点，效果如图5-79所示。

09 在"组2"中最上层新建一个图层，使用"椭圆工具" ⬭ 绘制一个青色椭圆形圆环，如图5-80所示。

图5-79　　　　　　图5-80

10 执行菜单"图层|图层样式|斜面和浮雕"命令，打开"图层样式"对话框，分别勾选"斜面和浮雕"和"投影"复选框，其中的参数值设置如图5-81所示。

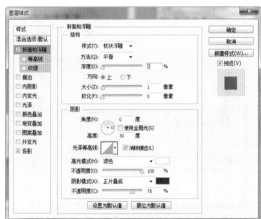

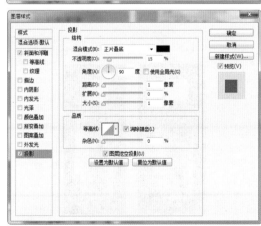

图5-81

11 设置完成后，单击"确定"按钮，效果如图5-82所示。

12 选择石台所在的图层组，复制副本后将其缩小，再复制两个副本。至此，石头台制作完

成，效果如图5-83所示。

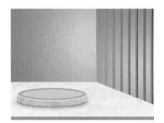

图5-82

图5-83

水杯抠图

01 打开"水杯.jpg"素材文件，使用"钢笔工具" ✎ 在第一个杯子边缘处创建封闭路径，过程如图5-84所示。

图5-84

02 按Ctrl+Enter组合键将路径转换为选区，如图5-85所示。

图5-85

03 按Ctrl+J组合键得到一个"图层1"图层,隐藏"背景"图层,如图5-86所示。

图5-86

04 使用"魔术橡皮擦工具"在杯绳与杯身之间单击,去掉白色背景,效果如图5-87所示。

图5-87

05 在"图层1"图层下方新建一个图层并将其填充为黑色,效果如图5-88所示。

图5-88

06 按住Ctrl键单击"图层1"图层的缩览图,调出杯子的选区,效果如图5-89所示。

图5-89

07 转换到"通道"面板中,复制"蓝"通道,得到"蓝 拷贝"通道,如图5-90所示。

图5-90

08 执行菜单"图像|调整|反相"命令,将图像变为负片效果。再执行菜单"图像|调整|色阶"命令,打开"色阶"对话框,调整各选项参数值如图5-91所示。

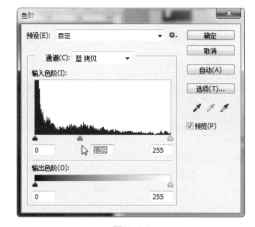

图5-91

09 设置完成后,单击"确定"按钮。在通道中将杯盖和杯绳部位涂抹白色,如图5-92所示。

图5-92

10 按住Ctrl键单击"蓝 拷贝"通道的缩览图,调出选区后,选择复合通道后转换到"图层"面板中,按Ctrl+J组合键得到一个"图层3"图层,隐藏"图层1"图层,此时水杯抠图完成,如图5-93所示。

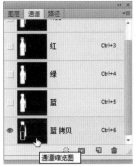

图5-93

默认状态时，使用黑色、白色以及灰色编辑通道可以参考表5-1所示进行操作。

表5-1　不同颜色编辑通道

涂抹颜色	彩色通道显示状态	载入选区
黑色	添加通道覆盖区域	添加到选区
白色	从通道中减去	从选区中减去
灰色	创建半透明效果	产生的选区为半透明

水杯与修饰图像合成

01 将"图层3"图层中的水杯拖曳到新建文档中，调整大小和位置，如图5-94所示。

图5-94

02 新建一个图层，使用"矩形工具" ▣在杯子上绘制一个白色矩形，如图5-95所示。

03 执行菜单"图层|图层蒙版|显示全部"命令，为图层添加图层蒙版，然后使用"渐变工具" ▣

在蒙版中填充从黑色到白色的线性渐变，设置"不透明度"为30%，再使用"画笔工具" ✍涂抹黑色，效果如图5-96所示。

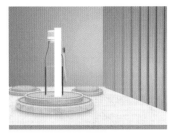

图5-95

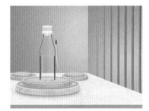

图5-96

04 复制水杯，执行菜单"编辑|变换|垂直翻转"命令，将图像向下移动，为其添加图层蒙版后使用"渐变工具" ▣编辑蒙版制作倒影，效果如图5-97所示。

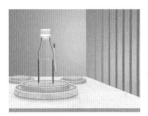

图5-97

05 使用同样的方法在另外两个石头台上制作水杯效果，如图5-98所示。

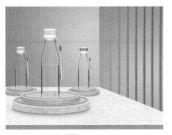

图5-98

06 打开"水杯海报修饰素材"素材文件，将素材置入当前文档中。至此，水杯与修饰图像合成制作完成，效果如图5-99所示。

图5-99

文字合成与清晰度调整

01 打开CorelDRAW制作的文本图像，将其拖曳到当前海报文档中，调整文字区域大小，如图5-100所示。

图5-100

02 执行菜单"编辑|变换|透视"命令，拖动控制点将文本区域进行透视处理，使其与墙面贴合，效果如图5-101所示。

图5-101

03 调整完成后，按Enter键完成变换。选择"图层"面板中的最上层，按Ctrl+Shift+Alt+E组合键盖印图层。选择盖印图层后，执行菜单"滤镜|其他|高反差保留"命令，打开"高反差保留"对话框，设置"半径"为3.0像素，如图5-102所示。

04 设置完成后，单击"确定"按钮。在"图层"面板中设置图层混合模式为"线性光"、"不透明度"为50%。至此，本案例制作完成，效果如图5-103所示。

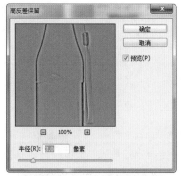

图5-102

图5-103

★★★★
5.7 优秀作品欣赏

06

第 6 章

报纸广告设计

本章重点：

➤ 报纸广告设计的概述与应用　　➤ 报纸广告的优势与劣势

➤ 报纸广告的分类　　　　　　　➤ 商业案例——房产报纸广告

➤ 报纸广告设计时的客户　　　　➤ 商业案例——健身房报纸广告

　需求　　　　　　　　　　　　➤ 优秀作品欣赏

本章主要从报纸广告的分类、客户需求等方面着手，介绍报纸广告设计的相关基础知识，并通过相应的案例制作，引导读者理解报纸广告的应用以及制作方法，使读者能够快速掌握报纸广告的设计方法。报纸广告的目的就是在纸质媒体上宣传商品内容。

★★★★
6.1　报纸广告设计的概述与应用

报纸广告（Newspaper Advertising）是指刊登在报纸上的广告。它的优点是读者稳定，传播覆盖面大，时效性强，特别是日报，可将广告及时登出，并马上送抵读者，可信度高，制作简单，灵活。缺点主要是读者很少传阅，表现力差，多数报纸表现色彩简单，刊登形象化的广告效果差。

报纸广告设计的主要元素包括企业标志、企业简称和全称、辅助图形、标准色、代理商或经销商地址、电话、广告语、广告内文等。在设计应用时，企业标志、企业简称和全称、辅助图形、标准色要以基础元素为标准，空出较大的版面作为每次不同广告宣传主题展示的位置，广告标语字体通常要进行设计，使主题更加突出，广告内文采用的字体要使用公司常用印刷字体，不能随意使用字体，如图6-1所示。

图6-1

图6-1（续）

★★★★
6.2 报纸广告的分类

报纸广告在投放到报纸上时根据区域以及尺寸大小等特点，可以为其进行详细的位置划分，这里对它们进行简单的介绍。

1. 报花广告

这类广告版面很小，形式特殊，不具备广阔的创意空间。文案只能做重点式表现，报纸广告突出品牌或企业名称、电话、地址及企业赞助之类的内容。不体现文案结构的全部，一般采用一种陈述性的表述。报花广告大小如邮票一般大。20世纪90年代开始，许多报社为增收，把报花改成广告内容，故称报花广告。

2. 报眼广告

报眼，即横排版报纸报头一侧的版面。版面面积不大，但位置十分显著、重要，引人注目。如果是新闻版，多用来刊登简短而重要的消息，或内容提要。这个位置用来刊登广告，显然比其他版面广告注意值要高，并会自然地体现出权威性、新闻性、时效性与可信度。

3. 半通栏广告

半通栏广告一般分为大小两种类型，约50mm×350mm或约32.5mm×235mm。由于这类广告版面较小，而且众多广告排列在一起，互相干扰，广告效果容易互相削弱，因此，如何使广告做得超凡脱俗，新颖独特，使之从众多广告中脱颖而出，跳入读者视线，是应特别注意的。

4. 单通栏广告

单通栏广告也有两种类型，约100mm×350mm或约65mm×235mm，是广告中最常见的一种版面，符合人们的正常视觉，因此版面自身有一定的说服力。

5. 双通栏广告

双通栏广告一般有两种类型，约200mm×350mm或约130mm×235mm。在版面面积上，它是单通栏广告的2倍。凡适于报纸广告的结构类型、表现形式和语言风格都可以在这里运用。

6. 半版广告

半版广告一般有两种类型，约250mm×350mm，或约170mm×235mm。半版与整版和跨版广告，均被称为大版面广告，是广告主雄厚的经济实力的体现。

7. 整版广告

整版广告一般可分为两种类型，约500mm×350mm或约340mm×235mm。整版广告是我国单版广告中最大的版面，给人以视野开阔，气势恢宏的感觉。

8. 跨版广告

跨版广告即一个广告作品，刊登在两个或两个以上的报纸版面上。一般有整版跨版、半版跨版、1/4版跨版等几种形式。跨版广告很能体现企业的大气魄、厚基础和经济实力，是大企业所乐于采用的。

★★★★
6.3 报纸广告设计时的客户需求

报纸广告设计时的客户需求主要是指根据目标

人群来制作适合这部分人群的报纸广告。要根据人群的特点制作报纸广告，具体说明如下。

1. 针对老年人的设计

老人常常是捧着一篇报纸事无巨细看一天。这样就要求广告信息量巨大，最好是从产品的古老故事到当今的发展，从病因的产生到今后的恶化，从中医理论到现代科技，撰写一套面面俱到的文案，把产品说透。

2. 针对女人的设计

广告文案内容一定要与"美丽、苗条、浪漫"等挂钩。在报纸广告上要求讲究设计创意，具体地说就是"花哨"越多越好。常见到的例子有欧美雅、奥韵减肥胶囊等广告，共性就是充分利用广告版面的每一个角落精心设计，字体多种多样，姑且不看文案，光看设计就知道花费心思了。

3. 针对孩子的设计

针对孩子的报纸广告主要的浏览者是家长，像补钙、增高等成功的产品，都是利用家长关心度和盲目性而制作的。广告中一定要把功能性和降低伤害度体现出来。

4. 针对男士的设计

针对男士的广告，首先应该在内容上吸引住买家的眼球，大致可以在品质、详情以及价格等方面上做足功夫。男人在购物时大多不喜欢讲价，因此，设计此类广告时，质量最好有保证、价格最好明码实价，不要含什么水分。针对男性的商品难道购买群就是男士吗？数据显示，有40%左右的男士用品的购买人群是女性群体。

5. 针对风格的设计

这里说的风格定位，可以说是目标客户群的风格定位，或是产品本身的风格定位。现在，对于女装类目前已经出现40多种风格的细分流派，而主流的服装风格也有十几种，例如常见的有民族、欧美、百搭、韩版、田园、学院、朋克、街头、简约、淑女等。

有人说，为什么要对目标客户群进行这么精准的定位呢？太麻烦了。通过对客户群的定位，我们可以详细地了解客户群的心理需求，这样就可以通过努力满足客户的需求。只有顾客满意了，我们所做的广告才是真正有效了。

6.4 报纸广告的优势与劣势

报纸广告也不全都是有优点的，对比其他媒体而言也是有缺点的，具体对比如表6-1所示。

表6-1　报纸广告的优势与劣势

优点	缺点
（1）覆盖面广，发行量大	（1）有效时间短
（2）读者广泛而稳定	（2）阅读注意度低
（3）具有特殊的版面空间	（3）印刷不够精致
（4）阅读方式灵活，易于保存	（4）使用寿命短
（5）选择性强，时效性强，文字表现力强	（5）感染力差
（6）传播范围广	
（7）传播速度快	
（8）传播信息详尽	
（9）行业选择灵活	
（10）费用相对较低	

6.5 商业案例——房产报纸广告

6.5.1　房产报纸广告的设计思路

报纸上的广告设计大致可以分为实物类型和创意类型两种。本案例是在报纸中发布的一款房产广告，由于处于前期营销阶段，因此为大家展示了以创意为主的广告形式，画面中湖光山色的背景，加上飘逸的丝带和时尚的人物，给人的感觉就是全身心的融入大自然中。

本案例是房产广告，所以在设计时一定要凸显出大气的画面，让浏览者看到广告时就觉得此房产是高端大气的，让客户从心里觉得这个项目的可信度。在画面中通过主题文字让浏览者知道本房产的名称，再通过飘带和人物展现出舒适的感觉，为了体现大自然的背景，运用图像滤镜相混合后得出的风景画面，文字、人物、背景以及修饰让整个画面的创意感十足。

6.5.2 配色分析

设计时要根据报纸广告的特点，合理地运用各个设计元素，突出广告的视觉冲击力。

本案例中的配色根据案例的特点以背景的中性色为主色，加以红色、黑色、白色，使整个作品给人一种高端时尚的感觉。本作品突出的是背景、人物和飘带，其他的文字以及修饰部分都是辅助说明。除了图像自带的色彩外，红色、黑色和灰色加以青色的外发光，都可以在视觉中产生强烈的带入感，如图6-2所示。

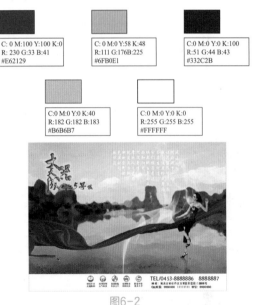

图6-2

6.5.3 构图布局

本案例是按照传统的从上向下的构图方法，正好也是符合人们看图时的习惯，上面直接摆放人物、丝带、文字，用以突出广告的飘逸感，下面对文字加以编辑修饰，和图像构成一个辅助说明的视觉效果，如图6-3所示。

图6-3

6.5.4 使用Photoshop制作房产报纸广告的图像部分

■ 制作流程

本案例主要了解转换"智能滤镜"后，应用"调色刀""查找边缘"和"高斯模糊"滤镜并结合"混合选项"制作图像效果，再使用"渐变工具"编辑"智能滤镜"的蒙版，以此来制作图像的背景效果。移入素材后应用"操控变形"命令调整素材形状。最后再通过图层混合模式结合"不透明度"来制作倒影和半透明图像，具体操作流程如图6-4所示。

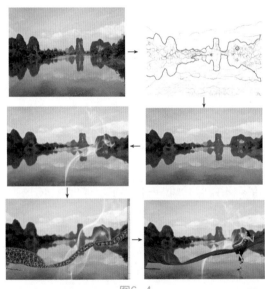

图6-4

■ 技术要点

> 转换为智能滤镜；
> 为智能对象图层应用"滤镜库""查找边缘"和"高斯模糊"滤镜；
> 使用"渐变工具"编辑智能滤镜；
> 设置图层混合模式和"不透明度"；
> 设置"混合选项"；
> 使用"色相/饱和度"调整图层；
> 应用"操控变形"命令。

01 启动Photoshop CC软件，新建一个235mm×150mm的空白文档。执行菜单"文件|打开"命令或按Ctrl+O组合键，打开附带的"风景.jpg"素材文件，如图6-5所示。

02 使用"移动工具" 将图像拖曳到新建文档中，得到"图层1"图层，调整图像大小后，执行菜单"滤镜|转换为智能滤镜"命令，将"图层1"图层转换为智能对象，如图6-6所示。

图6-5　　　　　　图6-6

03 执行菜单"滤镜|滤镜库"命令，打开"滤镜库"对话框，选择"艺术效果"卷展栏下的"调色刀"滤镜，此时变为"调色刀"对话框，其中的参数值设置如图6-7所示。

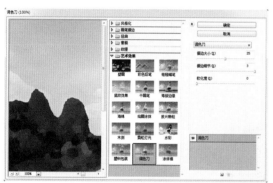

图6-7

04 设置完成后，单击"确定"按钮，效果如图6-8所示。

图6-8

05 执行菜单"滤镜|风格化|查找边缘"命令，效果如图6-9所示。

06 在"图层"面板中的"图层1"图层下，双击

"查找边缘"后面的 图标，打开"混合选项"对话框。在该对话框中设置该滤镜在图层中的"模式"为"划分"、"不透明度"为64%，如图6-10所示。

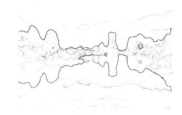

图6-9

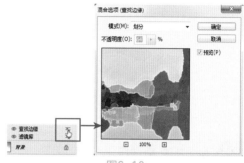

图6-10

07 单击"确定"按钮，效果如图6-11所示。

图6-11

08 执行菜单"滤镜|模糊|高斯模糊"命令，打开"高斯模糊"对话框，其中的参数值设置如图6-12所示。

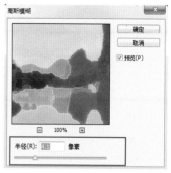

图6-12

09 设置完成后，单击"确定"按钮。在"图层"面板中的"图层1"图层下，双击"高斯模糊"

后面的 图标，打开"混合选项"对话框。在该对话框中设置该滤镜在图层中的"模式"为"明度"、"不透明度"为41%，效果如图6-13所示。

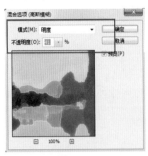

图6-13

⑩ 设置完成后，单击"确定"按钮，效果如图6-14所示。

图6-14

⑪ 选择"智能滤镜"缩览图，使用"渐变工具" 在文档中填充从白色到黑色的径向渐变，效果如图6-15所示。

图6-15

⑫ 双击蒙版缩览图，打开"属性"面板，其中的参数值设置如图6-16所示。

图6-16

⑬ 调整完成后，效果如图6-17所示。

图6-17

⑭ 在"图层"面板中单击"创建新的填充或调整图层"按钮 ，在弹出的下拉菜单中选择"色相/饱和度"命令，打开"属性"面板，在其中设置"色相/饱和度"的参数，如图6-18所示。

图6-18

⑮ 调整后，效果如图6-19所示。

图6-19

⑯ 选择"画笔工具" 后，在"画笔拾色器"对话框中选择烟雾笔触，新建一个图层并命名为"烟雾"。使用"画笔工具" 在页面中绘制烟雾画笔，设置"不透明度"为67%，如图6-20所示。

⑰ 打开附带中的"飘带.png"素材文件，如图6-21所示。

⑱ 使用"移动工具" 将图像拖曳到新建文档中，将图层命名为"飘带"。执行菜单"编辑|操控变形"命令，单击添加控制点，拖动改变形状，效果如图6-22所示。

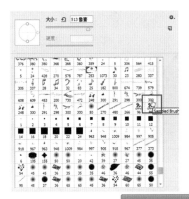

图6-20

图6-21

图6-22

19 按Ctrl+J组合键复制图层，得到"飘带 拷贝"图层。执行菜单"编辑|变换|垂直翻转"命令，移动翻转图像到下面，调整"不透明度"，制作倒影效果，如图6-23所示。

图6-23

20 打开附带中的"美女.png"素材文件，如图6-24所示。

图6-24

21 使用"移动工具" ⊕ 将图像拖曳到新建文档中，复制图层并将图像垂直翻转，设置图层混合模式为"正片叠底"、"不透明度"36%，效果如图6-25所示。

图6-25

22 打开附带的"金鱼.png"素材文件，如图6-26所示。

图6-26

23 使用"移动工具" ⊕ 将图像拖曳到新建文档中，设置图层混合模式为"柔光"。至此，房产报纸广告图像部分制作完成，效果如图6-27所示。

图6-27

6.5.5 使用CorelDRAW 制作房产报纸广告的文字部分

■ 制作流程

本案例主要利用"矩形工具"□绘制一个半版广告尺寸的矩形，导入素材后输入文字，使用"轮廓图工具"◙和"阴影工具"◙为文字添加轮廓图和阴影。通过"插入字符"泊坞窗绘制字符并将其置入正圆形内，最后输入文字，具体操作流程如图6-28所示。

图6-28

■ 技术要点

> 导入素材；
> 输入文字；
> 应用"轮廓图工具"添加轮廓图；
> 应用"阴影工具"添加阴影；
> 绘制正圆形；
> 插入字符；
> 应用"PowerClip内部"命令。

■ 操作步骤

01 启动CorelDRAW X8软件，新建一个空白文档。使用"矩形工具"□绘制一个235mm×170mm的矩形，导入Photoshop制作的图像部分，将其拖曳到矩形顶部，如图6-29所示。

图6-29

02 使用"文本工具"字在文档中输入文字，字体选择一个书法字体，执行菜单"对象|拆分美术字"命令，将文字拆分后重新摆放文本位置并设置文字的字体，效果如图6-30所示。

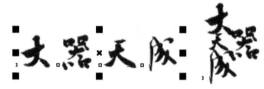

图6-30

03 选择"器"字并将其填充为红色，效果如图6-31所示。

图6-31

04 框选文字，执行菜单"对象|组合|组合对象"命令或按Ctrl+G组合键，再使用"轮廓图工具"◙在文字边缘向中间拖动，为其创建轮廓图。在属性栏中设置"轮廓图步长值"为4、"轮廓图偏移"为0.525mm、"轮廓色"为黑色、"填充色"为白色，效果如图6-32所示。

图6-32

05 将文字拖曳到导入的背景图上面，调整位置和大小后，使用"阴影工具"◙为其添加白色阴影，如图6-33所示。

图6-33

06 使用"文本工具"字输入文字，字体选择一个毛笔字体，将其中的"5号"变成红色并调整大小，效果如图6-34所示。

图6-34

07 使用"阴影工具"回为文字添加白色阴影，效果如图6-35所示。

图6-35

08 使用"文本工具"字输入白色直排文字，使用"阴影工具"回为其添加青色投影，如图6-36所示。

图6-36

09 使用"椭圆形工具"○绘制一个正圆形，执行菜单"文字|插入字符"命令，打开"插入字符"泊坞窗，选择字体为Webdings，选择一个字符将其拖曳到文档中，如图6-37所示。

图6-37

10 将字符填充为深灰色，使用鼠标右键拖动字符拖到正圆形上，释放鼠标后，在弹出的快捷菜单中选择"PowerClip内部"命令，效果如图6-38所示。

11 选择"PowerClip内部"命令后，会将字符置入正圆轮廓内，单击"编辑PowerClip"按钮，进入编辑状态，调整字符的置入位置和大小，效果如图6-39所示。

图6-38   图6-39

12 设置完成后，单击"停止编辑内容"按钮，完成图像的置入。使用同样的方法再制作4个置入正圆内的字符，效果如图6-40所示。

图6-40

13 使用"文本工具"字在字符下面输入文字，效果如图6-41所示。

图6-41

14 使用"文本工具"在字符右侧输入联系电话、地址等文字。至此，本案例制作完成，效果如图6-42所示。

图6-42

6.6 商业案例——健身报纸广告

6.6.1 健身报纸广告的设计思路

在设计制作健身广告时首先要选择针对的人群，本案例针对的是女子健身，所以在配色上选择了粉色。为了更加突出健身后的力量感，设计时将人物与文字融合在了一起，并且有一种冲出的效果，让浏览者在视觉中就能感觉到此画面的动感，结合文字对主题的辅助说明，让客户更容易知道并了解本健身房的健身目的和健身效果。

本案例广告传递的信息就是健身的好处，以及通过健身能够达到的效果，以此来吸引客户的目光并成为会员。

6.6.2 配色分析

设计时要根据健身针对的人群特点进行配色，因为本案例是针对女士的健身，所以在配色上以粉色和中性色背景相搭配，以此体现出健身的乐趣和温馨。

本案例中的配色以灰色为背景的主色，加上粉色的文字和修饰，可以让健身的形式更加突出，具体配色如图6-43所示。

C: 5 M:54 Y:0 K:0	C:15 M:9 Y:7 K:0	C:0 M:0 Y:0 K:100	C:0 M:0 Y:0 K:0
R:231 G:148 B:190	R:223 G:228 B:233	R:51 G:44 B:43	R:255 G:255 B:255
#E794BE	#DFE4E9	#332C2B	#FFFFFF

图6-43

6.6.3 构图布局

本案例健身广告的构图是以垂直的上下方式搭配的，上部是主题图像区域包括素材人物和文字的结合、中间是文本、下部是文本和修饰图形，设计构图符合从上向下的看图习惯，布局中为了增加动感，将人物与文字进行相应的编辑，产生一种冲出的感觉，如图6-44所示。

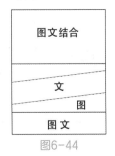

图6-44

6.6.4 使用Photoshop制作健身报纸广告的图像合成部分

■ 制作流程

　　本案例主要在新建的整版报纸广告中置入素材，输入文字并添加图层蒙版，使用"画笔工具" ✐ 编辑蒙版，绘制路径并使用画笔描边路径，复制组并转换为智能对象，应用"变换"和"高斯模糊"滤镜，具体操作流程如图6-45所示。

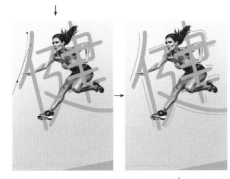

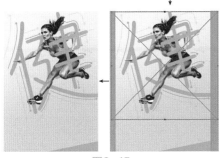

图6-45

■ 技术要点

　　➤ 使用"置入"命令置入素材；

　　➤ 变换素材；

　　➤ 输入文字添加蒙版；

　　➤ 使用"画笔工具"编辑蒙版；

　　➤ 画笔描边路径；

　　➤ 转换为智能对象；

　　➤ 应用"高斯模糊"滤镜。

■ 操作步骤

①　启动Photoshop CC软件，新建一个235mm×340mm的空白文档，将其填充为粉色。执行菜单"文件|置入"命令，选择"人物.jpg"素材将其置入空白文档中，调整大小并进行旋转，如图6-46所示。

图6-46

②　为了编辑起来方便，使用"快速选择工具" ✐ 在人物上涂抹创建选区，效果如图6-47所示。

③　按Ctrl+C组合键进行复制，再按Ctrl+V组合键进行粘贴，得到一个"图层1"图层，如图6-48所示。

图6-47

图6-48

04 使用"横排文字工具" T,在文档中输入粉色文字"健",按Ctrl+T组合键调出变换框,拖动控制点将文字进行旋转,效果如图6-49所示。

图6-49

05 按Enter键完成变换。执行菜单"图层|图层蒙版|显示全部"命令,为图层添加图层蒙版,如图6-50所示。

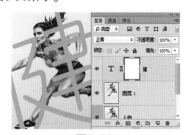

图6-50

06 将"前景色"设置为黑色,按住Ctrl键单击"图层1"图层的缩览图,调出选区后,使用"画笔工具" ✓,在人物与文字交叉的部分区域进行涂抹,效果如图6-51所示。

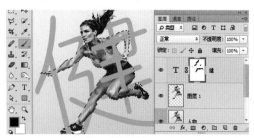

图6-51

07 执行菜单"图层|栅格化|文字"命令,将文字图层转换为普通图层,如图6-52所示。

图6-52

技巧

执行菜单"类型|栅格化文字图层"命令,同样可以将文字图层转换为普通图层。

08 在人物的鞋子区域使用"多边形套索工具" ▽,创建一个封闭选区,效果如图6-53所示。

09 选择栅格化的文字图层缩览图,按Ctrl+X组合键剪切选区内容,执行菜单"编辑|选择性粘贴|原位粘贴"命令,设置"不透明度"为42%,效果如图6-54所示。

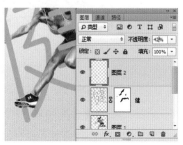

图6-53　　　　　　　图6-54

10 新建一个图层组,在组内新建一个图层,使用"钢笔工具" ∅,在文字边缘创建一个路径,如图6-55所示。

图6-55

11 将"前景色"设置为粉色,选择"画笔工具" ✓,设置"大小"为10像素、"硬度"为100%,转换到"路径"面板中,单击"用画笔描边路径"按钮 ○,为路径描边,如图6-56所示。

图6-56

12 使用同样的方法，为文字其他区域绘制路径后进行描边，效果如图6-57所示。

图6-57

13 在图层组中新建一个图层，选择"画笔工具"，设置"大小"为30像素、"硬度"为100%，在描边后的线条上绘制圆点，效果如图6-58所示。

图6-58

14 复制"组1"得到一个"组1拷贝"，执行菜单"滤镜|转换为智能滤镜"命令，将"组1拷贝"转换为智能对象，如图6-59所示。

图6-59

15 按Ctrl+T组合键调出变换框，拖动控制点将图像变大，设置"不透明度"为25%，如图6-60所示。

16 按Enter键完成变换。执行菜单"滤镜|模糊|高斯模糊"命令，打开"高斯模糊"对话框，其中的参数值设置如图6-61所示。

图6-60

图6-61

17 设置完成后，单击"确定"按钮。至此，房产报纸广告图像区域制作完成，效果如图6-62所示。

图6-62

6.6.5 使用CorelDRAW制作健身报纸广告的文字合成部分

■ 制作流程

本案例主要是利用变换矩形后输入文字，为文字添加轮廓图，组合文字后为其添加阴影，导入素材后应用PowerTRACE命令将其转换为矢量图，取消组合后移动到图像中，具体操作流程如图6-63所示。

图6-63

■ 技术要点

> 使用"矩形工具"绘制矩形；

> 斜切处理；

> 使用"透明度工具"设置透明；

> 输入文字；

> 使用"轮廓图工具"添加轮廓图；

> 使用"阴影工具"添加阴影；

> 将位图转换为矢量图。

■ 操作步骤

01 启动CorelDRAW X8软件，新建一个空白文档。导入Photoshop制作的图像区域，使用"矩形工具" □绘制一个粉色的矩形，再使用"透明度工具" ▧调整透明度，效果如图6-64所示。

图6-64

02 在矩形上单击，拖动控制点将矩形进行斜切处

理，效果如图6-65所示。

03 使用"文本工具" 图分别输入"健"和"身"，字体选择一个毛笔字体，如图6-66所示。

图6-65   图6-66

04 使用"轮廓图工具" 圖在文字边缘向外拖动，为其添加轮廓图，在属性栏中设置各选项参数，如图6-67所示。

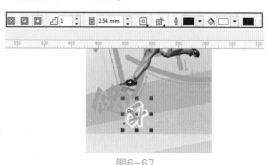

图6-67

05 使用同样的方法为"健"字添加轮廓图，效果如图6-68所示。

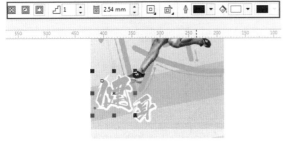

图6-68

06 使用"文本工具"字输入中文和英文，将其按照斜切的矩形进行旋转，如图6-69所示。

图6-69

07 使用"轮廓图工具"圓分别为中文和英文添加轮廓，效果如图6-70所示。

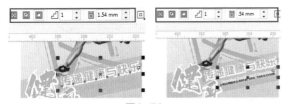

图6-70

08 框选文字，按Ctrl+G组合键将其进行组合，使用"阴影工具"圓为组合后的文字添加一个阴影，效果如图6-71所示。

图6-71

09 导入"健身剪影.jpg"素材文件，执行菜单"位图|轮廓描摹|低品质图像"命令，打开Power TRACE 对话框，其中的参数值设置如图6-72所示。

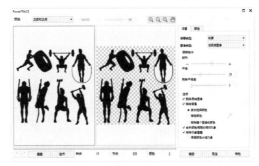

图6-72

10 设置完成后，单击"确定"按钮，将位图转换为矢量图。按Ctrl+U组合键取消组合，选择其中的几个图形拖动到文字下方，效果如图6-73所示。

图6-73

11 在图像上方使用"椭圆形工具"〇绘制3个粉色椭圆，再输入文字，效果如图6-74所示。

图6-74

12 在文字上使用"椭圆形工具"〇绘制白色椭圆，使用"透明度工具"圖添加"椭圆形渐变透明度"圖，效果如图6-75所示。

图6-75

13 复制两个副本移动到另两个文字上面，效果如图6-76所示。

14 使用"文本工具"字在斜切后的矩形下方输入文字，再将文字进行旋转，效果如图6-77所示。

15 最后输入其他的文字。至此，本案例制作完成，效果如图6-78所示。

图6-76   图6-77

图6-78

★★★★
6.7 优秀作品欣赏

07

第 7 章

杂志广告设计

本章重点：
- 杂志广告设计的概述与应用
- 杂志广告的特点
- 杂志广告的常用类型
- 杂志广告设计时的制作要求
- 商业案例——化妆品杂志广告
- 商业案例——养生杂志广告
- 优秀作品欣赏

本章主要从杂志广告的特点、制作要求等方面着手，介绍杂志广告设计的相关应用，并通过相应的案例制作，引导读者理解杂志广告的应用以及制作方法，使读者能够快速掌握杂志广告的设计方法与宣传方式。

报广告或报纸广告的一些技巧和方法。但杂志广告也有自身的特点，所以制作时也应该考虑针对杂志广告的特点而进行设计，如图7-1所示。

图7-1

7.1 杂志广告设计的概述与应用

杂志广告（Magazine Advertising）是指刊登在杂志上的广告。杂志可分为专业性杂志（Professional Magazine）、行业性杂志（Trade Magazine）、消费者杂志（Consumer Magazine）等。杂志是一种常见的视觉媒介，因而也是一种广告媒介。杂志广告属于印刷广告，在制作杂志广告时，可以利用制作海

7.2 杂志广告的特点

杂志广告在投放时根据媒体的特点，可以为商品设计出针对相应人群的针对性广告，杂志广告的特点主要体现在以下几点。

1．时效周期长

杂志是除了书以外，具有比报纸和其他印刷品更具有可保存性。杂志的长篇文章多，读者不仅阅读仔细，并且往往会重复地进行多次阅读。这样，杂志广告与读者的接触也就多了起来。保存周期

长，有利于广告长时间地发挥作用。

2. 编辑精细，印刷精美

杂志的编辑精细，印刷精美。杂志的封面、封底常采用彩色印刷，图文并茂。同时，由于杂志应用优良的印刷技术进行印刷，用纸也讲究，一般为高级道林纸。因此，杂志广告具有精良、高级的特色。

3. 读者对象划分明确

专业性杂志由于具有固定的读者层面，可以使广告宣传深入某一专业行业。杂志的读者虽然广泛，但也是相对固定的。因此，对特定消费阶层的商品而言，在专业杂志上做广告需具有突出的针对性，适合于广告对象的理解力，能产生深入的宣传效果，而很少有广告浪费。

4. 发行量大，发行面广

许多杂志具有全国性影响，有的甚至有世界性影响，经常在大范围内发行和销售。运用这一优势，对全国性的商品或服务的广告宣传，杂志广告无疑占有优势。

杂志可利用的篇幅多，没有限制，可供广告主选择，并施展广告设计技巧。

封页、内页及插页都可用作广告，而且，对广告的位置可机动安排，可以突出广告内容，激发读者的阅读兴趣。

7.3 杂志广告的常用类型

杂志广告的分类非常多，可以根据不同的杂志媒体来选择广告的投放位置，具体类型如下。

1. 折页广告

采取一折、双折、三折等形式扩大杂志一页的面积，以适应某些广告需要占用大面积的要求。

2. 跨页广告

这种广告的页面是单页广告所占页面的两倍。它的广告画面是一幅完整的图案，具有充分展示广告商品的名称、品牌、功能以及价格等特点。

3. 多页广告

在一本杂志内，连续刊登多页广告，以扩大广告的知名度。

4. 插页广告

在杂志内插入可以分开列出的独页广告，使广告更加醒目，增强广告商品的趣味性和传播效果。此外，还有联卷广告、香味广告、立体广告以及有声广告等形式。

7.4 杂志广告设计时的制作要求

在不同杂志中设计与制作广告时，需要遵循以下几点制作要求。

1. 文字与图像相辅相成

杂志具有印刷精美，发行周期长，可反复阅读，令人回味等特点。因此设计与制作时要发挥杂志广告媒体自身的特点，使广告内容图文并茂。配色要与杂志内容相匹配，以此来吸引读者的注意力。同时，杂志广告中的文案部分要做到精简共存。

2. 杂志位置利用合理

位置与尺寸大小是杂志版面的两个重要元素。杂志内各版面的位置一般可以分为封面、封底、封二、封三和扉页等。上述版面顺序，一般按照广告费由多到少，广告效果由强到弱的顺序排列。同一版面的广告位置也和报纸一样，根据文案划分，上比下好、大比小好，横排字则左比右好，竖排字则右比左好。

3. 情景配合

杂志广告的情景配合与报纸广告的要求大体相同，即同类广告最好集中在一个版面内；内容相反或互相可能产生负面影响的广告安排在不同的版面上，以确保单个杂志广告的效果。

4. 采用多种形式

杂志广告的制作要运用多种手段，采用各种形式，从而使杂志广告的表现形式丰富多彩。

7.5 商业案例——化妆品杂志广告

7.5.1　化妆品杂志广告的设计思路

杂志广告与报纸广告不同，在客户手中留存的时间比较长，被翻阅的次数也比较多，所以在制作时要尽量精致一些，广告内容要凸显出商品本身的功能等各方面的特点。

本案例是在杂志中发布的一款化妆品广告，商品本身已经被放大凸显出来了。在设计时，只要考虑本商品的功能特点就可以了，为了凸显隔离的功能，将水花围绕商品进行了旋转，通过水花突出凉爽的感觉，画面中修饰的图像都是花朵和水果，给人的感觉非常温馨和亲切。

在画面中文字与色块相互剪切的方式制作出空心效果，让大家在创意中了解本商品的辅助功能，海边背景给人的感觉就是放松，加上本商品的保护功能，隐喻着可以让您放心大胆地与大自然相融合，不必担心被晒黑。

7.5.2　配色分析

本案例中的配色根据案例的特点以背景的海边为场景，加以黄色让整个作品更加突出商品功能。本案例以背景的冷色加以配色的暖色，反差对比效果可以更能突出广告要表现的内容，如图7-2所示。

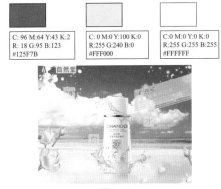

C: 96 M:64 Y:43 K:2 R: 18 G:95 B:123 #125F7B	C: 0 M:0 Y:100 K:0 R:255 G:240 B:0 #FFF000	C:0 M:0 Y:0 K:0 R:255 G:255 B:255 #FFFFFF

图7-2

7.5.3　构图布局

本案例是按照从左向右的水平构图方式，商品被放置到了最中间的位置，两边是添加的修饰以及文字辅助说明，从中一眼就能看到第一视觉点是商品本身，第二视觉点是用来辅助的文字部分，如图7-3所示。

文字与修饰	主图	文字与修饰

图7-3

7.5.4　使用Photoshop制作化妆品杂志广告的图像部分

■　制作流程

本案例主要利用"色相/饱和度"属性面板调整图像颜色，使用"渐变工具" ■ 编辑蒙版制作倒影，再通过"画笔工具" ✎ 编辑图层蒙版制作水滴缠绕效果，具体操作流程如图7-4所示。

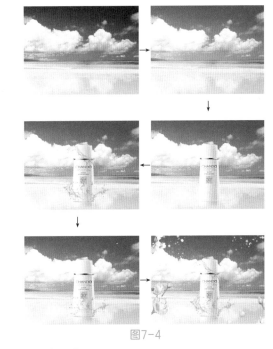

图7-4

■　技术要点

> 　新建文档并置入素材；
> 　创建"色相/饱和度"调整图层；
> 　添加图层蒙版；
> 　使用"渐变工具"编辑蒙版；
> 　使用"画笔工具"编辑蒙版；
> 　剪贴蒙版。

■　操作步骤

背景与商品倒影制作

01 启动Photoshop CC软件，新建一个对应杂志相应位置的空白文档。执行菜单"文件|打开"命

令或按Ctrl+O组合键，打开附带的"海边.jpg"素材文件，如图7-5所示。

图7-5

 使用"移动工具" 将图像拖动到新建文档中，得到"图层1"图层，调整图像大小后，执行菜单"图层|新建调整图层|色相/饱和度"命令，打开"色相/饱和度"的"属性"面板，其中的参数值设置如图7-6所示。

图7-6

 调整参数后会发现背景色相已被调整。再打开"防晒乳"素材文件，如图7-7所示。

图7-7

 使用"移动工具" 将图像拖动到新建文档中，调整大小和位置，效果如图7-8所示。

图7-8

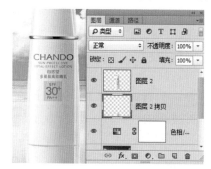 按Ctrl+J组合键复制一个"图层2拷贝"图层，执行菜单"编辑|变换|垂直翻转"命令，将图像垂直翻转后调整位置和图层顺序，如图7-9所示。

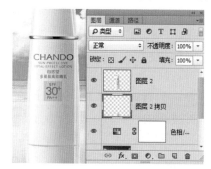

图7-9

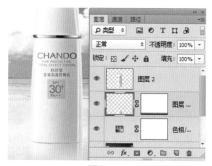 执行菜单"图层|图层蒙版|显示全部"命令，为图层添加图层蒙版，使用"渐变工具" 在蒙版中填充从黑色到白色的线性渐变，效果如图7-10所示。

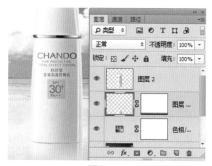

图7-10

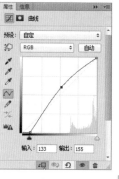 选中"图层2"图层，执行菜单"图层|创建调整图层|曲线"命令，打开"曲线"的"属性"面板，向上拖动曲线，单击"调整剪贴到此图层"按钮 ，此时背景以及商品倒影制作完成，效果如图7-11所示。

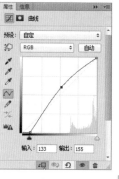

图7-11

水滴缠绕的制作

 打开"水珠2.png"素材文件，将其拖曳到新建文档中，如图7-12所示。

中文版Photoshop+CorelDRAW商业案例项目设计完全解析

图7-12

02 执行菜单"图层|图层蒙版|显示全部"命令，为
图层添加图层蒙版，使用"画笔工具" ✍ 在蒙
版中涂抹黑色，编辑后的效果如图7-13所示。

图7-13

03 在文档中新建一个图层组，打开"水珠.png"
素材文件，将其拖曳到新建文档中的图层组
内，调整素材大小和位置，如图7-14所示。

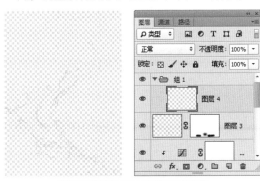

图7-14

04 执行菜单"图层|图层蒙版|显示全部"命令，为
图层添加图层蒙版，使用"画笔工具" ✍ 在蒙
版中涂抹黑色，编辑后的效果如图7-15所示。

图7-15

05 按住Alt键拖动"图层4"图层中的图像，会
自动复制一个副本，按Ctrl+T组合键调出变换
框，拖动控制点调整图像的形状和大小，按
Enter键之后分别使用"画笔工具" ✍ 在蒙版涂
抹白色和黑色，编辑后的效果如图7-16所示。

图7-16

06 按住Alt键拖动"图层4拷贝"图层中的图像，
会自动复制一个副本，调整大小和位置后分别
使用"画笔工具" ✍ 在蒙版涂抹白色和黑色，
编辑后的效果如图7-17所示。

07 选择"组1"将其折叠后，执行菜单"图层|创
建调整图层|色相/饱和度"命令，打开"新建
图层"对话框，勾选"使用前一图层创建剪贴
蒙版"复选框，单击"确定"按钮，系统会新
建一个针对"组1"的"色相/饱和度"剪贴蒙
版，如图7-18所示。

图7-17

图7-18

▶ 技巧

　　针对图层创建的剪贴蒙版，只对一个图层起作用；针对组创建的剪贴蒙版可以对组中所有的图层都起作用。

08 在"色相/饱和度"的"属性"面板中调整参数，使组中的水珠颜色与"水珠2"的颜色一致。至此，水滴缠绕部分制作完成，效果如图7-19所示。

图7-19

修饰图像的制作

01 打开"柠檬.png"素材文件，将其拖曳到新建文档中，如图7-20所示。

图7-20

02 执行菜单"图层|图层样式|投影"命令，打开"图层样式"对话框，勾选"投影"复选框，其中的参数值设置如图7-21所示。

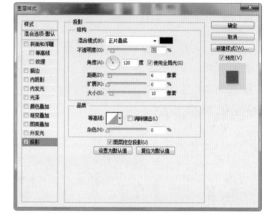

图7-21

03 设置完成后，单击"确定"按钮。复制一个副本并移动位置，效果如图7-22所示。

图7-22

04 打开"花.png""花2.png"素材文件，将其分别拖曳到新建文档中，调整大小和位置后，完成化妆品杂志广告图像区域的制作，效果如图7-23所示。

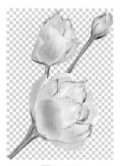

图7-23

图7-23（续）

7.5.5 使用CorelDRAW 制作化妆品杂志广告的最终效果

■ 制作流程

本案例主要利用"矩形工具"□绘制矩形之后输入文字，框选文字和矩形后应用"合并"命令以此来制作挖空效果，再通过"透明度工具"▩调整合并对象的透明度，具体操作流程如图 7-24所示。

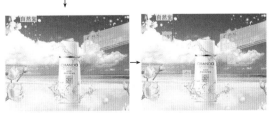

图7-24

■ 技术要点

➢ 导入素材；

➢ 绘制矩形；

➢ 输入文字；

➢ 应用"合并"命令；

➢ 应用"透明度工具"设置透明度。

■ 操作步骤

01 启动CorelDRAW X8软件，新建一个空白文档。导入Photoshop制作的图像部分，如图7-25所示。

图7-25

02 使用"矩形工具"□在图像上面绘制一个黄色矩形，去掉轮廓，效果如图7-26所示。

图7-26

03 使用"文本工具"字在黄色矩形上输入中文和英文，效果如图7-27所示。

图7-27

04 框选文字和黄色矩形，执行菜单"对象|合并"命令或按Ctrl+L组合键，效果如图7-28所示。

图7-28

05 使用"选择工具"▮单击合并后的对象，调出旋转斜切变换框，拖动斜切控制点，将对象进行斜切处理，效果如图7-29所示。

图7-29

06 缩小对象后，将轮廓色填充为白色，效果如图7-30所示。

图7-30

07 使用"透明度工具"▨为对象调整透明效果，如图7-31所示。

图7-31

08 在对象下方绘制两个黄色矩形并填充为白色轮廓，斜切处理后调整透明度，效果如图7-32所示。

图7-32

09 在左上角绘制黄色矩形，在上面输入文字"自然堂"，如图7-33所示。

图7-33

10 框选文字和矩形，按Ctrl+L组合键将其合并，效果如图7-34所示。

图7-34

11 使用同样的方法制作另外3个矩形和文字，效果如图7-35所示。

图7-35

12 使用"透明度工具"▨分别设置合并后对象的透明度，效果如图7-36所示。

图7-36

13 均匀透明度均设置为30。至此，本案例化妆品
杂志广告制作完成，效果如图7-37所示。

图7-37

7.6 商业案例——养生杂志广告

7.6.1 养生杂志广告的设计思路

在设计制作养生广告时首先要选择针对的年龄人群，本案例针对的是需要靠食物来养生的中老年人群，所以在配色上选择了以背景图像中的青色，目的是让食品看起来更加清新脱俗，设计时将五谷与背景和文字融合在了一起，在色彩中除了五谷的颜色以外，添加了红色与绿色作为强烈色彩对比。让浏览者在视觉中更容易看到商品本身，让客户更容易知道并了解本养生广告的目的和对身体的好处。

本案例广告传递的信息就是靠食物来养生，食物中的五谷是通过吃来获取健康的直接来源，来"食为天"可以让您在获得健康的同时胃口大开。

7.6.2 配色分析

设计时要以养生作为配色的特点，根据本案例针对的消费人群，在制作时以青绿色和中性色背景相搭配，以此来体现出绿色食品的性能和种植场地。

本案例中的配色以灰色结合绿色作为背景的主色，加上黑色、白色和红色的文字与修饰，可以让养生产品的内容更加突出，具体配色如图7-38所示。

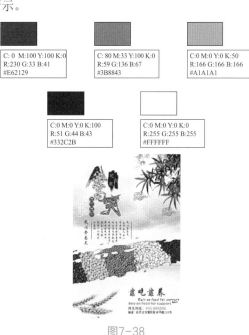

C: 0 M:100 Y:100 K:0 R:230 G:33 B:41 #E62129	C: 80 M:33 Y:100 K:0 R:59 G:136 B:67 #3B8843	C:0 M:0 Y:0 K:50 R:166 G:166 B:166 #A1A1A1

C:0 M:0 Y:0 K:100 R:51 G:44 B:43 #332C2B	C:0 M:0 Y:0 K:0 R:255 G:255 B:255 #FFFFFF

图7-38

7.6.3 构图布局

本案例养生广告的构图是以垂直的上下方式搭配的，上边是主题文字区域包括文字和素材图像结合，中间是主题商品，下边是文本和修饰图像，设计构图符合从上向下的看图习惯，布局中为了增强五谷的图像感，将五谷与文字进行相应的编辑，产生一种融为一体的感觉，如图7-39所示。

图7-39

7.6.4 使用Photoshop制作养生杂志广告的图像合成部分

■ 制作流程

本案例主要在新建的养生杂志广告中置入素材，设置混合模式为“滤色”、创建“色相/饱和度”调整图层，添加图层样式后应用剪贴蒙版，之后移入以及置入素材，具体操作流程如图 7-40所示。

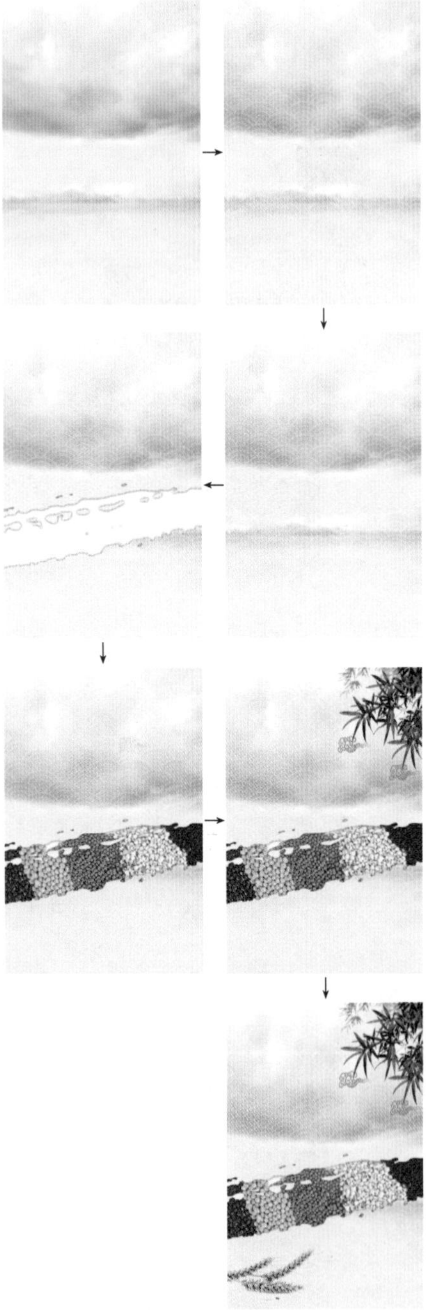

图7-40

■ 技术要点

- 使用“置入”命令置入素材；
- 设置混合模式；
- 创建“色相/饱和度”调整图层；
- 变换素材；
- 添加“内阴影和颜色叠加”图层样式；
- 创建剪贴蒙版。

■ 操作步骤

01 启动Photoshop CC软件，新建一个对应杂志相应位置的空白文档。执行菜单“文件|打开”命令或按Ctrl+O组合键，打开附带的“云彩.png”素材文件，使用“移动工具”将图像拖动到新建文档中，调整大小和位置，如图7-41所示。

图7-41

02 打开附带的“纹理.png”素材文件，使用“移动工具”将图像拖动到新建文档中，调整大小和位置，再设置图层混合模式为“滤色”、“不透明度”为50%，效果如图7-42所示。

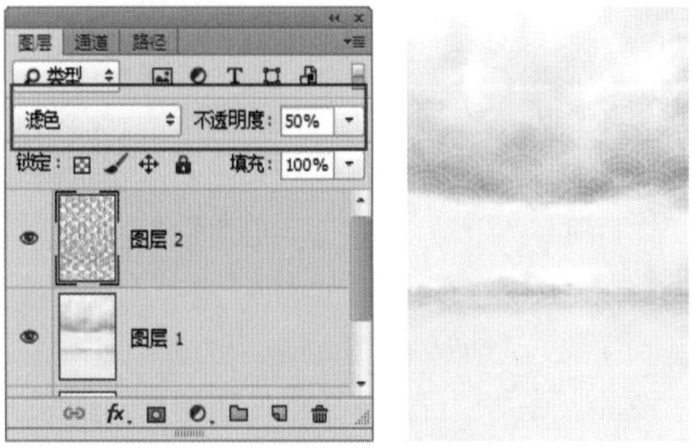

图7-42

03 在"图层"面板中单击"创建新的填充或调整图层"按钮 ⬛，在弹出的下拉菜单中选择"色相/饱和度"命令，打开"属性"面板，在其中设置"色相/饱和度"的参数，如图7-43所示。

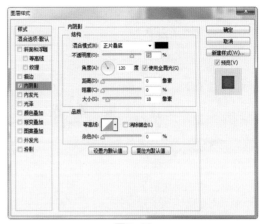

图7-46

图7-43

04 调整完成，效果如图7-44所示。

图7-44

05 新建一个图层，选择"画笔工具" ✑ 后，在"画笔"拾色器中选择一个画笔笔触，在页面中绘制一个白色画笔，如图7-45所示。

图7-45

06 执行菜单"图层|图层样式|内阴影"命令，打开"图层样式"对话框，勾选"内阴影"复选框，其中的参数值设置如图7-46所示。

07 设置完成后，单击"确定"按钮，效果如图7-47所示。

图7-47

08 打开"杂粮.png"素材文件，将图像拖曳到新建文档中，效果如图7-48所示。

图7-48

09 执行菜单"图层|创建剪贴蒙版"命令，效果如图7-49所示。

10 打开"祥云.png"素材文件，将图像拖曳到新建文档中，调整大小和位置，效果如图7-50所示。

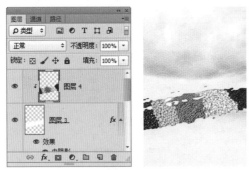

图7-49

图7-50

11 执行菜单"图层|图层样式|颜色叠加"命令,打开"图层样式"对话框,勾选"颜色叠加"复选框,其中的参数值设置如图7-51所示。

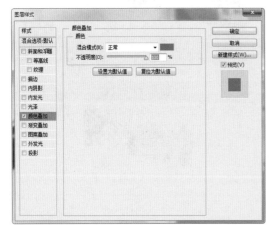

图7-51

12 设置完成后,单击"确定"按钮,效果如图7-52所示。

13 按住Alt键并拖动"祥云",复制一个副本,效果如图7-53所示。

图7-52

14 打开"竹叶.png"素材文件,将图像拖曳到新建文档中,调整大小和位置,效果如图7-54所示。

图7-53   图7-54

15 执行菜单"文件|置入"命令,打开"置入"对话框,选择"五谷杂粮.png"素材文件,如图7-55所示。

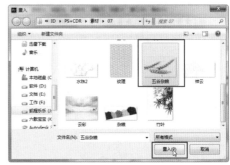

图7-55

16 设置完成后,单击"置入"按钮。调整图像大小和位置,完成养生杂志广告图像区域的制作,如图7-56所示。

图7-56

7.6.5　使用CorelDRAW制作养生杂志广告的最终效果

■　制作流程

　　本案例主要利用输入文字，再将复制的图像副本置入文字内部，以此制作图文相结合效果，为文字添加轮廓图后输入其他文字以及插入"插入字符"泊坞窗中的字符，具体操作流程如图7-57所示。

图7-57

■　技术要点

　　➤　使用"文字工具"输入文字；

　　➤　复制背景；

　　➤　编辑PowerClip；

　　➤　添加轮廓图；

　　➤　使用"插入字符"泊坞窗。

■　操作步骤

01　启动CorelDRAW X8软件，新建一个空白文档。导入Photoshop制作的图像区域，使用"文本工具" 字 分别输入文字"食""为""天"，然后将文字进行位置大小的调整，效果如图7-58所示。

02　框选文字后，执行菜单"对象|组合|组合对象"命令或按Ctrl+G组合键，将3个文字组合成一个整体，效果如图7-59所示。

图7-58　　　　　　　图7-59

03　选择背景图片复制一个副本，使用鼠标右键将其拖动到文字上，如图7-60所示。

图7-60

04　释放鼠标后，在弹出的快捷菜单中选择"PowerClip内部"命令，如图7-61所示。

图7-61

05　选择"PowerClip内部"命令后会将图像置入文字内部，效果如图7-62所示。

图7-62

06 单击"编辑PowerClip"按钮 🖋，进入编辑状态，拖动图像将其进行旋转和大小的调整，如图7-63所示。

图7-63

07 编辑完成后，单击"停止编辑内容"按钮 🖋，效果如图7-64所示。

图7-64

08 使用"轮廓图工具" 🔲 在文字边缘向外拖动，为其创建一个轮廓图，在属性栏中设置"轮廓图步长"为2、"轮廓图偏移"为0.879mm、"轮廓色"为黑色、"填充色"为白色，效果如图7-65所示。

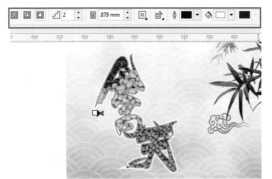

图7-65

09 执行菜单"文字|插入字符"命令，打开"插入字符"泊坞窗，选择一个英文毛笔字体，再选择其中的一个字符，将其拖曳到"食为天"右侧，如图7-66所示。

10 在黑色字符上面使用"文本工具" 字 输入文字，效果如图7-67所示。

图7-66

图7-67

11 在"食为天"左侧使用"椭圆形工具" ○ 绘制4个红色正圆形，再使用"文本工具" 字 输入文字，效果如图7-68所示。

图7-68

12 使用"文本工具" 字 输入其他文字，再使用"手绘工具" ⊦∾ 绘制两条黑色线条，效果如图7-69所示。

图7-69

13 使用"文本工具" 字 在图像的右下角处输入文字"靠吃靠养"，如图7-70所示。

图7-70

14 复制一个背景图像，执行菜单"对象|PowerClip|置于图文框内部"命令，使用鼠标箭头在文字上单击，如图7-71所示。

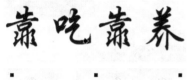

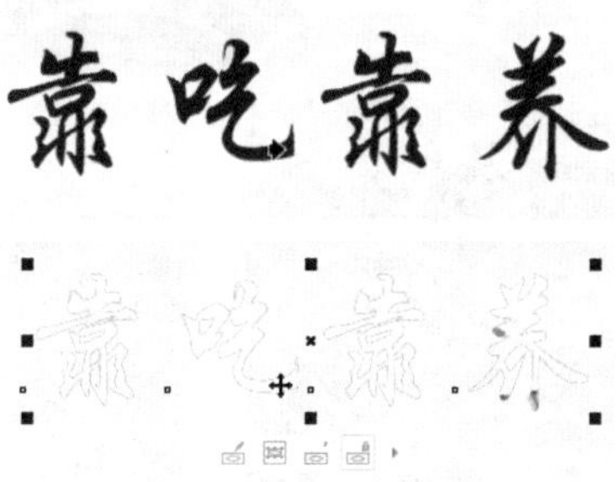

图7-71

15 执行菜单"对象|PowerClip|编辑PowerClip"命令，进入编辑状态，将图像进行旋转并调整大小，效果如图7-72所示。

16 复制图像并向左移动，效果如图7-73所示。

图7-72

图7-73

17 执行菜单"对象|PowerClip|结束编辑"命令，效果如图7-74所示。

图7-74

18 使用"文本工具"字输入文字。字体选择书法字体和黑体，让字体有个对比效果，

如图7-75所示。

图7-75

19 在"插入字符"泊坞窗中，选择一个字符并将其拖曳到文字下方填充为红色，如图7-76所示。

图7-76

20 使用"文本工具"字在红色字符上输入白色文字，再输入其他文字，效果如图7-77所示。

图7-77

21 至此，本案例养生杂志广告制作完成，效果如图7-78所示。

图7-78

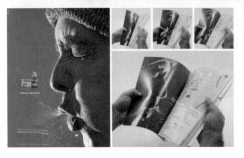

08
第8章
户外广告设计

本章重点：

> 户外广告设计的概述与 应用
> 户外广告的特点
> 常见户外广告形式

> 户外广告设计时的制作要求
> 商业案例——汽车户外广告
> 商业案例——首饰户外广告
> 优秀作品欣赏

本章主要从户外广告的特点、广告形式等方面着手，介绍户外广告设计的相关知识，并通过相应的户外广告案例制作，引导读者理解户外广告的应用以及制作方法，使读者能够快速掌握户外广告的设计特点与宣传形式。

8.1 户外广告设计的概述与应用

户外广告简称OD，主要指在城市的交通要道两边，主要建筑物的楼顶和商业区的门前和路边等户外场地发布的广告。一般在露天或公共场合通过广告表现形式向许多消费者进行诉求，能达到推销商品目的的都可以称为户外媒体广告，传统的户外广告主要有路牌广告、楼体广告等。近几年来，新型户外广告形式不断涌现，如汽车车身广告、公路沿线广告、城市道路灯杆挂旗广告和电子屏幕广告等。这些广告形式的出现，不但丰富了户外广告的形式，而且也使户外广告的形式、内容不断壮大，如图8-1所示。

图8-1

图8-1（续）

8.2 户外广告的特点

户外广告设计与其他广告设计相比，更具有特殊性。户外广告没有具体的尺寸规定，可以根据所处的位置以及客户要求来确定具体的尺寸。有时户外广告是用来远观的，尺寸巨大，所以在设计时只需要将文档分辨率设置在72dpi以上即可，只要能保证印刷质量就行。

户外广告具有到达率高、视觉冲击力强、发布时段长、投入成本低、城市覆盖率高等特点，如图8-2所示。

图8-2

图8-2（续）

8.3 常见户外广告形式

户外广告种类很多，从空间角度可划分为平面户外广告和立体户外广告；从技术含量上可以分为电子类户外广告和非电子类户外广告；从物理形态角度去划分可以分为静止类户外广告和运动类户外广告；从购买形式上还可以分为单一类户外广告和组合类户外广告。

1. 平面户外

平面户外广告包括的种类非常多，其中也囊括电子类、非电子类、静止类以及运动类等，特点是以二维平面的方式进行制作，如图8-3所示。

图8-3

2. 立体户外

立体户外广告就是制作的广告形式是立体的，如图8-4所示。

3. 电子类

电子类户外广告包括霓虹灯广告、激光射灯广告、三面电子翻转广告牌、电子翻转灯箱和电子显示屏等，如图8-5所示。

4. 非电子类

非电子类户外广告包括路牌、商店招牌、条幅以及车站广告、车体广告、充气模型广告和热气球广告等，如图8-6所示。

图8-4

图8-5

图8-6

5. 静止类

静止类户外广告包括户外看板、外墙广告、霓虹广告、电话亭广告、报刊亭广告、候车亭广告、单立柱路牌广告、电视墙、LED电子广告看板、广告气球、灯箱广告、公交站台广告、地铁站台广告、机场车站内广告等，如图8-7所示。

图8-7

6. 运动类

运动类户外广告包括公交车车体广告、公交车车厢内广告、地铁车厢内广告、索道广告、热气球广告等，如图8-8所示。

图8-8

7. 单一类

单一类户外广告是指在购买户外媒体时单独购买的媒体，例如射灯广告、单立柱广告、霓虹灯广告、墙体广告和多面翻转广告牌等，如图8-9所示。

图8-9

8. 组合类

组合类户外广告是指可以按组或套装形式购买的媒体，例如路牌广告、候车亭广告、车身广告、地铁广告、机场广告和火车站广告等，如图8-10所示。

图8-10

★★★★ 8.4 户外广告设计时的制作要求

由于户外广告针对的目标受众在广告面前停留的时间短暂且快速，可以接受的信息容量有限。而要使受众在短暂的时间内理解并接受户外广告传递的信息，户外广告就必须更强烈地表现出给人提示和强化印象留存的作用。在制作时注重其直观性，充分展现企业和产品的个性化特征。

户外广告的设计定位，是对广告所要宣传的产品、消费对象、企业文化理念做出科学的前期分析，是对消费者的消费需求、消费心理等诸多领域进行探究，是市场营销战略的一部分；广告设计定位也是对产品属性定位的结果，没有准确的定位，就无法形成完备的广告运作整体框架。

在设计上一方面可以讲究质朴、明快、易于辨认和记忆，注重解释功能和诱导功能的发挥；另一方面能够体现创意性，将奇思妙想注入户外广告中，也可以在户外广告中开设有趣味的互动功能。如此一来，既达到了广告的目的，也省去了不小的一笔开销。

★★★★ 8.5 商业案例——汽车户外广告

8.5.1　汽车户外擎天柱广告的设计思路

由于户外广告必须在一瞬间抓住行人的眼球，因此广告中的图像要有极强的视觉冲击力，并且不能过于复杂。

本案例是在路旁擎天柱中发布的一款汽车广告，介于路边的户外广告，吸引客户的时间过于短，所以在设计时，一定要把商品本身凸显在广告画面中，作为第一视觉点必须让商品进入客户的眼中，文字部分要凸显出本商品的功能特点，切记要大、要简，绝对不能过于烦琐，因为客户没有过多的时间去浏览。

在画面中文字与色块反差非常大，让浏览者一眼就能看到汽车要展现并说明的特点，这一点对作为第二视觉点的文字来说非常重要。此类的户外广告不需要过多的创意设计，看一眼就能记住此广告的主题是最重要的。

8.5.2　配色分析

本案例中的配色根据商品的特点以车身的颜色作为广告中的最大面积的配色，广告中的文本以黑色作为主色，这样可以更能凸显出汽车的大气，黑白相交的颜色可以提升反差度，更能吸引浏览者的注意，如图8-11所示。

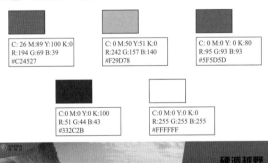

图8-11

8.5.3　构图布局

户外擎天柱广告的特点就是水平放置各个设计元素，按照人们看东西从左向右的习惯，左侧放置了汽车本身，右侧是介绍特点、功能的文字，该构图的好处就是水平一条线可以快速浏览到全部内容，文本编辑区域按照边对齐的方式，使文本看起来更加规矩，如图8-12所示。

图8-12

8.5.4　使用Photoshop制作汽车户外广告的广告区域

■　制作流程

本案例主要使用"矩形选框工具"　创建选区，复制选区内容后水平翻转，以此来制作图像区域；使用"多边形套索工具"　填充颜色，输入文字后设置文字字体，创建图层蒙版，再通过"画笔工具"　编辑图层蒙版来制作汽车冲出效果，具体操作流程如图 8-13所示。

■　技术要点

➤　新建文档置入素材；
➤　创建图层水平翻转；
➤　绘制选区填充颜色；
➤　输入文字绘制图形；
➤　创建图层蒙版，使用"画笔工具"编辑蒙版；
➤　使用"魔术橡皮擦工具"去掉背景。

图8-13

■ 操作步骤

汽车素材的调整

01 启动Photoshop CC软件，新建一个对应擎天柱户外广告大小的空白文档。执行菜单"文件|打开"命令或按Ctrl+O组合键，打开附带的"汽车.jpg"素材文件，如图8-14所示。

图8-14

02 使用"移动工具" ![移动] 将图像拖动到新建文档中，得到"图层1"图层，调整图像大小后，执行菜单"编辑|变换|水平翻转"命令，将图像水平翻转，如图8-15所示。

图8-15

03 使用"矩形选框工具" ![矩形] 在车牌处绘制一个矩形选区，按Ctrl+J组合键在新图层中得到一个新图像，执行菜单"编辑|变换|水平翻转"命令，将图像水平翻转，效果如图8-16所示。此时，汽车素材的调整制作完成。

图8-16

文字区域的制作

01 新建"图层3"图层，使用"多边形套索工具" ![套索] 在右侧绘制一个封闭的选区，将其填充与车身一样的颜色，如图8-17所示。

图8-17

02 使用"横排文字工具" ![文字] 输入文字，设置不同文字的字体，使文字之间对比性更加强烈一点，效果如图8-18所示。

图8-18

03 新建一个图层，在文字后面绘制图形，如图8-19所示。

图8-19

04 按住Ctrl单击CAT图层的缩览图，调出文字的选区，如图8-20所示。

图8-20

05 选择两个相对三角形所在的图层，执行菜单"选择|载入选区"命令，打开"载入选区"对话框，其中的参数值设置如图8-21所示。

图8-21

06 设置完成后，单击"确定"按钮，此时选区效果如图8-22所示。

图8-22

07 新建一个图层，将选区填充为白色，效果如图8-23所示。

图8-23

08 按Ctrl+D组合键取消选区，使用"椭圆工具" ⬭ 在页面中绘制一个正圆形状，效果如图8-24所示。

图8-24

09 使用"快速选择工具" ☑ 在"汽车.jpg"素材文件中的汽车上创建选区，再使用"移动工具" ⊕ 将选区内的图像拖曳到新建文档中，按Ctrl+T组合键调出变换框，调整大小和位置，效果如图8-25所示。

图8-25

10 按Enter键完成变换。执行菜单"图层|图层蒙版|显示全部"命令，为图层添加图层蒙版，使用"画笔工具" ☑ 编辑涂抹黑色图层蒙版，效果如图8-26所示。

图8-26

11 新建一个图层，绘制一个与正圆形填充同样颜色的图形，效果如图8-27所示。

图8-27

⑫ 新建一个图层，再绘制一个黑色图形，效果如图8-28所示。

图8-28

⑬ 使用"横排文字工具" T 输入文字，设置不同文字的字体，效果如图8-29所示。

图8-29

⑭ 打开"钱.png"素材文件，使用"移动工具" 将图像拖曳到新建文档中。此时，文字区域制作完成，效果如图8-30所示。

图8-30

标志区域的制作

㉛ 新建一个图层，使用"多边形套索工具" 在左侧绘制一个封闭的选区，将其填充与车身一

样的颜色，如图8-31所示。

图8-31

㉜ 按Ctrl+D组合键取消选区。打开"图标.jpg"素材文件，如图8-32所示。

图8-32

㉝ 使用"移动工具" 将图像拖曳到新建文档中，如图8-33所示。

图8-33

㉞ 使用"魔术橡皮擦工具" 在白色背景上单击，去掉图标的白色背景。至此，使用Photoshop制作汽车户外广告的广告区域完成，效果如图8-34所示。

图8-34

8.5.5 使用CorelDRAW 绘制擎天柱矢量图并合成最终户外汽车广告

■ 制作流程

本案例主要利用"矩形工具" 、"贝塞尔工具" 、"椭圆形工具" 和"钢笔工具" 绘制擎天柱的各个区域，使用"交互式填充工具" 填充渐变色，组合对象后填充顺序完成户外擎天柱广

告的制作，具体操作流程如图 8-35所示。

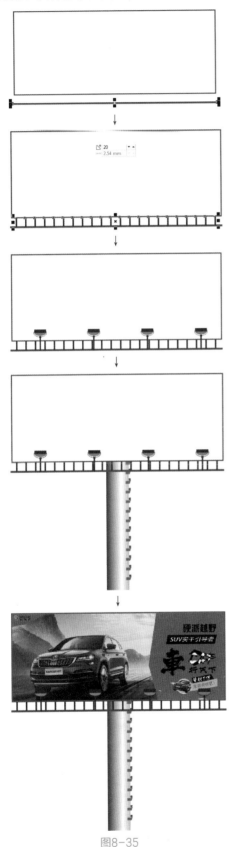

图8-35

■ 技术要点
  ➤ 导入素材；
  ➤ 绘制矩形；
  ➤ 组合对象；
  ➤ 应用"调和工具"制作调和效果；
  ➤ 改变顺序。
■ 操作步骤
  广告版面区制作
  01 启动CorelDRAW X8软件，新建一个空白文档。使用"矩形工具" □绘制一个与Photoshop制作的擎天柱户外广告成比例的矩形，设置"轮廓宽度"为3.0mm，如图8-36所示。

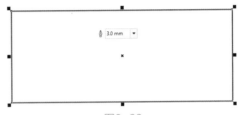

图8-36

  02 使用"矩形工具" □在矩形下面绘制一个灰色矩形，效果如图8-37所示。

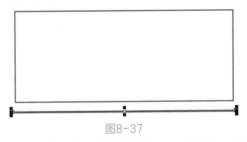

图8-37

  03 使用"矩形工具" □绘制一个垂直的灰色矩形，复制一个副本移动到右侧，效果如图8-38所示。

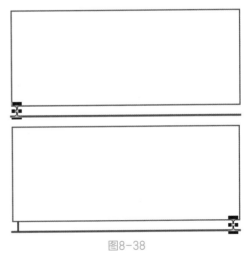

图8-38

04　使用"调和工具" 在两个垂直矩形上拖动，为其创建调和，在属性栏中设置"轮廓步长值"为20。此时，广告版面区制作完成，效果如图8-39所示。

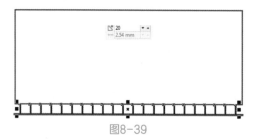

图8-39

射灯的绘制

01　使用"矩形工具" 绘制射灯的连接杆矩形，效果如图8-40所示。

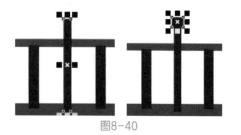

图8-40

02　使用"贝塞尔工具" 绘制灯头连接的曲线框架，如图8-41所示。

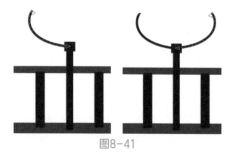

图8-41

03　使用"椭圆形工具" 绘制灰色椭圆，将其作为灯头的底部，如图8-42所示。

图8-42

04　使用"矩形工具" 绘制黑色矩形，作为射灯的灯头框，如图8-43所示。

图8-43

05　框选射灯，按Ctrl+G组合键将其群组为一个整体，复制3个副本，水平移动到合适的位置。至此，射灯制作完成，效果如图8-44所示。

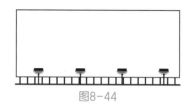

图8-44

擎天柱立柱的制作

01　使用"矩形工具" 绘制一个垂直矩形，使用"交互式填充工具" 为其填充渐变色，如图8-45所示。

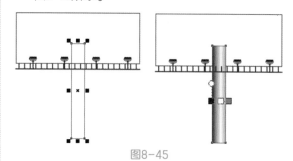

图8-45

02　去掉渐变矩形的轮廓后，使用"矩形工具" 结合"钢笔工具" 绘制立柱上的爬梯，如图8-46所示。

图8-46

03　去掉爬梯的轮廓，框选整个爬梯，按Ctrl+G组合键将其群组为一个整体，垂直复制一个副本，效果如图8-47所示。

图8-47

04 使用"调和工具" 🔧在两个爬梯上拖动，为其创建调和，在属性栏中设置"轮廓步长值"为12。此时，爬梯制作完成，效果如图8-48所示。

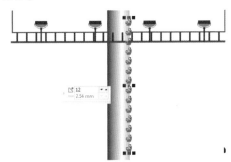

图8-48

05 框选渐变矩形和爬梯，按Ctrl+G组合键将其群组为一个整体，按Shift+PgDn组合键将其放置到图层最后面，此时立柱制作完成，效果如图8-49所示。

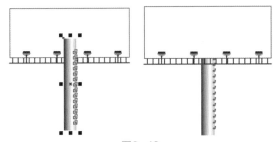

图8-49

合成擎天柱广告

01 导入之前使用Photoshop制作的汽车户外广告，如图8-50所示。

图8-48

02 执行菜单"对象|顺序|置于此对象前面"命令，使用鼠标指针在广告区域的矩形上单击，效果如图8-51所示。此时会发现图像已经改变了顺序。

图8-51

03 移动图像到合适位置，调整大小以适应后面的矩形。至此，本案例汽车户外广告制作完成，效果如图8-52所示。

图8-52

8.6 商业案例——首饰户外广告

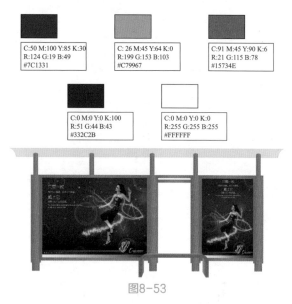

C:50 M:100 Y:85 K:30 R:124 G:19 B:49 #7C1331	C:26 M:45 Y:64 K:0 R:199 G:153 B:103 #C79967	C:91 M:45 Y:90 K:6 R:21 G:115 B:78 #15734E
C:0 M:0 Y:0 K:100 R:51 G:44 B:43 #332C2B	C:0 M:0 Y:0 K:0 R:255 G:255 B:255 #FFFFFF	

图8-53

8.6.1 首饰户外广告的设计思路

本案例的户外广告制作的是公交站牌上的钻戒广告，既然是要放置到公交站牌处的广告，在设计时就要根据此类广告的特点进行设计，等公交并不是一件非常费时间的事情，所以在添加广告视觉方面一定要将广告体现的内容凸显出来，整体的界面要简洁、大气并且要能凸显首饰的高贵感觉，这在设计时就要考虑首饰针对的目标人群，而进行高贵的颜色搭配。

画面中的商品虽然是钻戒，但是，对于佩戴它的人来说就是要体现出幸福的感觉，画面中的美女在众星围绕中翩翩起舞，单从画面就能看出美女的高兴劲来。从第三方中突出本商品的信息更能让浏览者产生共鸣。

8.6.2 配色分析

本案例中的商品是钻戒，所以要体现出它的高贵来，在配色上能够体现高贵、大气的配色有红色、黄色、紫色等，为了更能与首饰相呼应，我们选择了紫色作为主背景色。

本案例中的配色以紫色为背景的主色，加上白色、黄色的修饰以及绿色的站牌框，可以让画面更加具有对比感，具体配色如图8-53所示。

8.6.3 构图布局

本案例广告的构图是两张，以水平和垂直的方式搭配，都是以文本、人物、商品来区分整个画面，如图8-54所示。

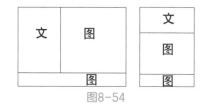

图8-54

8.6.4 使用Photoshop制作公交站牌首饰广告

■ 制作流程

本案例主要使用"渐变工具" 在新建文档中填充渐变色，置入素材设置图层混合模式，以此来制作背景，通过"画笔工具" 编辑图层蒙版，结合图层混合模式对人物进行抠图，通过设置画笔并进行描边路径来制作修饰图像，具体操作流程如图 8-55所示。

■ 技术要点

➢ 绘制渐变背景；

➢ 使用"色阶"调整图层制作背景；

➢ 设置图层混合模式；

➢ 添加"外发光"图层样式；

➢ 画笔描边路径；

➢ 载入画笔。

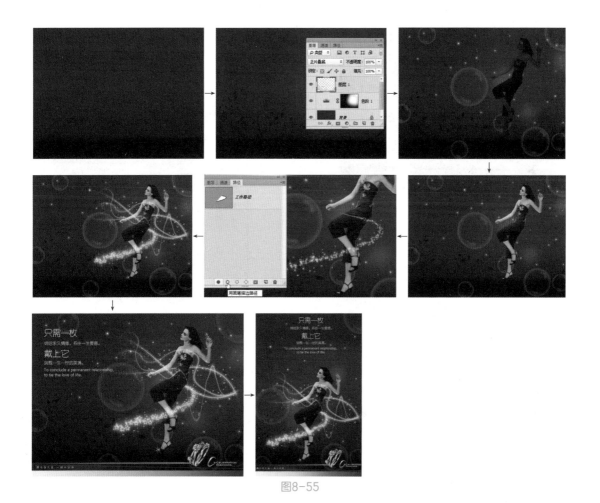

图8-55

- 操作步骤

背景的制作

01 启动Photoshop CC软件，新建一个公交站牌广告对应尺寸的横排空白文档。单击工具箱中的"渐变工具" ▣，在属性栏中单击"渐变"拾色器，打开"渐变编辑器"对话框，设置从左向右的颜色依次为紫色、黑色、黑色，如图8-56所示。

02 设置完成后，单击"确定"按钮。使用"渐变工具" ▣，从上向下拖动鼠标填充渐变色，效果如图8-57所示。

03 在"图层"面板中单击"创建新的填充或调整图层"按钮 ◑，在弹出的下拉菜单中选择"色阶"命令，打开"属性"面板，在其中设置"色阶"的参数，如图8-58所示。

图8-56

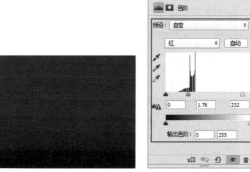

图8-57　　　　　图8-58

04 调整完成，效果如图8-59所示。

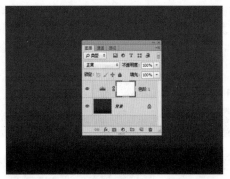

图8-59

05 使用"画笔工具" ✎在色阶蒙版中涂抹黑色，此时效果如图8-60所示。

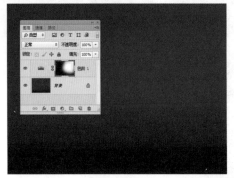

图8-60

06 打开"花纹.png"素材文件，使用"移动工具" ⊹将图像拖曳至新建文档中，设置图层混合模式为"正片叠底"，效果如图8-61所示。

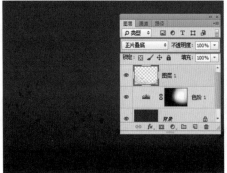

图8-61

07 新建一个图层，使用"画笔工具" ✎绘制白色正圆形。在"画笔"拾色器中选择柔边笔触。在"图层"面板中设置图层混合模式为"叠加"、"不透明度"68%，效果如图8-62所示。

图8-62

08 使用"移动工具" ⊹按住Alt键拖动笔触，得到两个副本，将副本移动到合适位置，效果如图8-63所示。

图8-63

09 新建一个图层，选择"画笔工具" ✎后，在"画笔"拾色器中，选择气泡笔触，在页面中绘制白色气泡，设置"不透明度"为38%，效果如图8-64所示。

10 新建两个图层，使用"画笔工具" ✎绘制白色星形笔触，效果如图8-65所示。

11 选择一层中的星形笔触，执行菜单"图层|图层样式|外发光"命令，打开"图层样式"对话

框，勾选"外发光"复选框，其中的参数值设置如图8-66所示。

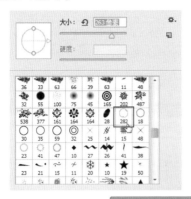

图8-64

图8-65

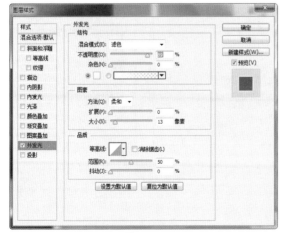

图8-66

⑫ 设置完成后，单击"确定"按钮。此时，背景制作完成，效果如图8-67所示。

图8-67

人物抠图

⓪① 打开"模特.jpg"素材文件，使用"移动工具" 将图像拖曳到新建文档中。在"图层"面板中设置图层混合模式为"正片叠底"，效果如图8-68所示。

图8-68

⓪② 复制人物所在的图层，执行菜单"图层|图层蒙版|显示全部"命令，为图层添加图层蒙版，效果如图8-69所示。

图8-69

03 使用"画笔工具" 对蒙版进行编辑，再设置图层混合模式为"正常"、"不透明度"为82%，此时人物抠图制作完成，效果如图8-70所示。

图8-70

技巧

在Photoshop中复制图层后会将图层中的所有属性一同复制；此处抠图的方法是通过底层的"正片叠底"模式将人物发丝等区域更好地融入新背景中，再将图像中间区域进行蒙版编辑，可以使整个人物与背景更好地融合，如图8-71所示。

图8-71

人物修饰

01 新建一个图层，使用"钢笔工具" 在人物的半身处绘制一个路径，效果如图8-72所示。

图8-72

02 选择"画笔工具" ，在"画笔"拾色器中选择一个笔触，如图8-73所示。

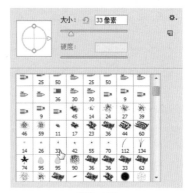

图8-73

03 执行菜单"窗口|画笔"命令，打开"画笔"面板，在其中设置参数值，如图8-74所示。

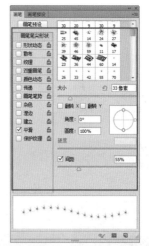

图8-74

04 转换到"路径"面板中，单击"弹出"按钮 ，在弹出的下拉菜单中执行"描边路径"命令，如图8-75所示。

图8-75

05 执行"描边路径"命令后,打开"描边路径"对话框,选择"工具"为"画笔",勾选"模拟压力"复选框,如图8-76所示。

图8-76

06 单击"确定"按钮,效果如图8-77所示。

图8-77

07 在"路径"面板中多次单击"用画笔描边路径"按钮 ○⌐,直到描边符合效果为止,效果如图8-78所示。

图8-78

08 执行菜单"图层|图层样式|外发光"命令,打开"图层样式"对话框,勾选"外发光"复选框,其中的参数值设置如图8-79所示。

09 设置完成后,单击"确定"按钮,效果如图8-80所示。

图8-79

图8-80

10 执行菜单"图层|图层蒙版|显示全部"命令,为图层添加图层蒙版,使用"画笔工具" ✓对蒙版进行编辑,效果如图8-81所示。

图8-81

11 新建一个图层,使用同样的方法在路径上描边星星的笔触,效果如图8-82所示。

图8-82

12 新建一个图层,使用"画笔工具" ✓在模特手和脚上绘制白色星形笔触，以此作为闪光点，效果如图8-83所示。

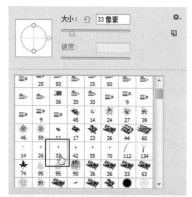

图8-83

13 新建一个图层，使用"画笔工具" ✒在模特的腰部绘制一个纹理画笔笔触，效果如图8-84所示。

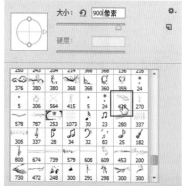

图8-84

14 执行菜单"图层|图层蒙版|显示全部"命令，为

图层添加图层蒙版，使用"画笔工具" ✒对蒙版进行编辑。此时，人物修饰部分制作完成，效果如图8-85所示。

图8-85

商品图像合成与文字输入

01 打开"钻石.png"素材文件，使用"移动工具" ⊕将图像拖曳到新建文档中，设置图层混合模式为"变亮"，如图8-86所示。

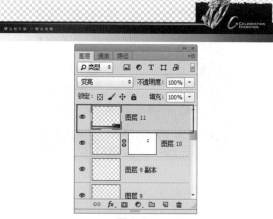

图8-86

02 设置混合模式后，效果如图8-87所示。

图8-87

03 使用"横排文字工具" T在页面的左上角处输入文字，这里的字体尽量选择较细并且较圆润一点的，目的是与背景相对比，并且不要抢了主图的风头，如图8-88所示。

中文版Photoshop+CorelDRAW商业案例项目设计完全解析

图8-88

04 再输入英文。至此，本案例使用Photoshop制作公交站牌横版首饰广告完成，效果如图8-89所示。

图8-89

05 使用同样的方法制作出公交站牌竖版首饰广告，效果如图8-90所示。

图8-90

8.6.5 使用CorelDRAW绘制公交站牌矢量图并合成最终户外广告

■ 制作流程

本案例主要利用"矩形工具"□绘制矩形，转换为对象后填充渐变色，复制对象并调整形状，为对象添加透明效果以及进行"简化"修整，再通过"调和工具"为对象添加调和制作凳子效果，具体操作流程如图 8-91所示。

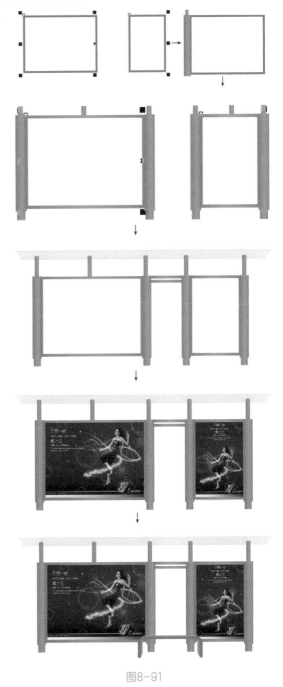

图8-91

■ 技术要点

> 使用"矩形工具"绘制矩形；
> 设置轮廓宽度；
> 将轮廓转换为对象；
> 填充渐变色；
> 使用"形状工具"调整图形；
> 使用"透明度工具"调整透明度；
> 使用"调和工具"添加调和效果。

■ 操作步骤

站牌主体绘制

01 启动CorelDRAW X8软件，新建一个空白文档。根据公交站牌的大小，使用"矩形工具" □ 绘制两个等比例的矩形，效果如图8-92所示。

图8-92

02 在属性栏中设置"轮廓宽度"为5.0mm，再在"颜色"泊坞窗中右击绿色，效果如图8-93所示。

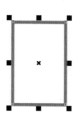

图8-93

03 框选两个矩形，执行菜单"对象|将轮廓转换为对象"命令，将绘制的路径轮廓转换为可填充的对象，如图8-94所示。

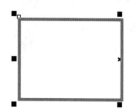

图8-94

04 使用"矩形工具" □ 在左侧绘制一个矩形，使用"交互式填充工具" ◇ 在矩形上拖动，填充渐变色后，在属性栏中单击"编辑填充"按钮 ◙ ，打开"编辑填充"对话框，其中的参数值设置如图8-95所示。

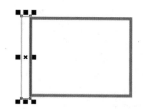

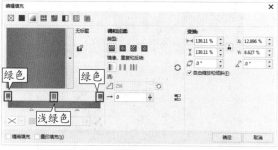

图8-95

05 设置完成后，单击"确定"按钮，效果如图8-96所示。

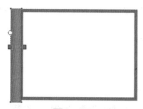

图8-96

06 去掉矩形的轮廓，复制矩形，将其缩小并移动位置，如图8-97所示。

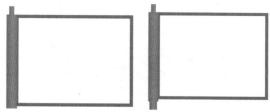

图8-97

07 选择两个复制后的小矩形，按Ctrl+PgDn组合键，将选择的矩形向后移动一层，效果如图8-98所示。

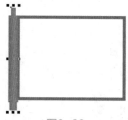

图8-98

08 使用"属性滴管工具" ✐ 在渐变矩形上单击，再移动鼠标到矩形框上进行填充，效果如图8-99所示。

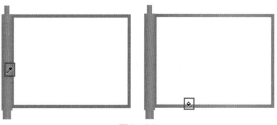

图8-99

09 框选左侧的3个矩形，复制3个副本并移动位置，如图8-100所示。

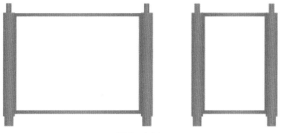

图8-100

10 复制两个上边的小矩形，将副本移动到合适位置，效果如图8-101所示。

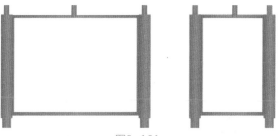

图8-101

11 选择矩形框后，按Shift+PgUp组合键将其调整到最上层，效果如图8-102所示。

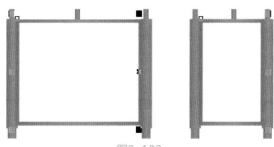

图8-102

12 使用"矩形工具" □绘制两个矩形，为其填充同样的渐变色。选择最上面的6个小矩形，执行菜单"对象|转换为曲线"命令，将矩形转换为曲线。使用"形状工具" 调整直线为曲线。此时，招牌主体绘制完成，效果如图8-103所示。

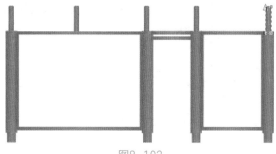

图8-103

雨棚的制作

01 使用"钢笔工具" 在顶部绘制如图8-104所示的灰色形状。

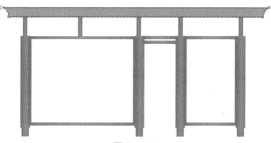

图8-104

02 使用"透明度工具" 调整不透明度，效果如图8-105所示。

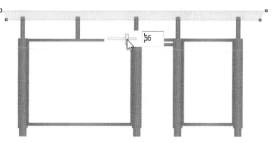

图8-105

03 按Shift+PgDp组合键将其调整到最下层。此时，雨棚制作完成，效果如图8-106所示。

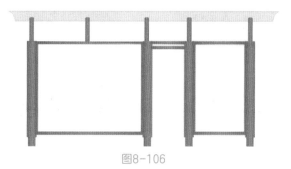

图8-106

合成广告图

01 导入使用Photoshop制作的横版和竖版广告图像，如图8-107所示。

图8-107

⟨02⟩ 移动横版广告到左侧的矩形框上，等比例缩小后并调整位置，效果如图8-108所示。

图8-108

⟨03⟩ 移动竖版广告到右侧的矩形框上，等比例缩小后并调整位置。此时，合成广告图制作完成，效果如图8-109所示。

图8-109

休息凳子的制作

⟨01⟩ 使用"矩形工具" □ 在底部绘制一个圆角半径为10.0mm的圆角矩形，如图8-110所示。

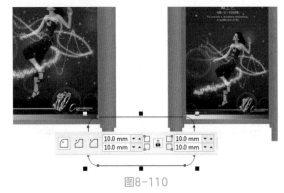

图8-110

⟨02⟩ 将"轮廓宽度"设置为5.0mm，将"轮廓色"填充为绿色。执行菜单"对象|将轮廓转换为对

象"命令，将圆角矩形轮廓转换为对象，效果如图8-111所示。

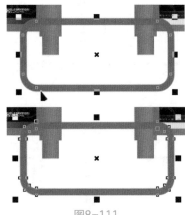

图8-111

⟨03⟩ 使用"矩形工具" □ 绘制一个矩形，将圆角矩形和新绘制的矩形一同选取，单击属性栏中的"简化"按钮 □ ，效果如图8-112所示。

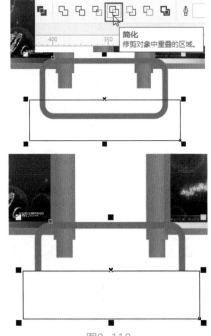

图8-112

⟨04⟩ 删除矩形，将简化后的对象复制一个副本，调整大小，如图8-113所示。

图8-113

05 使用"调和工具" 🔲 在两个对象上拖动，为其创建调和，凳子制作完成，效果如图8-114所示。

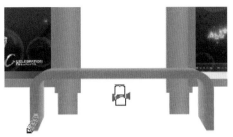

图8-114

06 到目前为止，使用CorelDRAW绘制公交站牌矢量图并合成最终首饰户外广告，效果如图8-115所示。

07 将除雨棚以外的所有对象全部选取，将其转换为位图后应用"三维效果/透视"命令，得到一个透视后的效果，再调整雨棚，效果如图8-116所示。

所示。

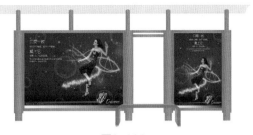

图8-115

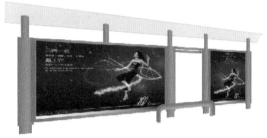

图8-116

★★★★ 8.7 优秀作品欣赏

09
第 9 章
包装设计

本章主要从包装设计的分类、构成要点等方面着手，介绍包装设计的相关知识与应用，并通过相应的包装设计案例，引导读者理解包装设计的应用以及制作方法，使读者能够快速掌握包装设计的特点与应用形式。

★★★★
9.1 包装设计的概述与应用

包装是产品由生产转入市场流通的一个重要环节。包装设计是包装的灵魂，是包装成功与否的重要因素。激烈的市场竞争不但推动了产品与消费的发展，同时不可避免地推动了企业战略的更新，其中包装设计也被放在市场竞争的重要位置上。这就是近二十多年的包装设计中表现手法和形式越来越具有开拓性和目标性的根本原因。

包装设计包含了设计领域中的平面构成、立体构成、文字构成、色彩构成及插图、摄影等，是一门综合性很强的设计专业学科。包装设计又是和市场流通结合最紧密的设计，设计的成败主要取决于市场的检验。所以，市场学、消费心理学，始终贯穿在包装设计之中。

包装是为了商品在流通过程中保护产品、方便储运、促进销售而按一定技术方法采取的容器，并在此过程中施加一定的技术方法等的操作活动，如图9-1所示。

图9-1

★★★★
9.2 包装的分类

商品种类繁多，形态各异，其功能作用、外观内容也各有千秋。所谓内容决定形式，包装也不例外。所以，为了区别商品与设计上的方便，可以对包装进行分类，例如包装盒设计、手提袋设计、食品包装设计、饮料包装设计、礼盒包装设计、化妆品瓶体设计、洗涤用品包装设计、香烟包装设计、酒类包装设计、药品包装设计、保健品包装设计、软件包装设计、CD包装设计、电子产品包装设计、日化产品包装设计、进出口商品包装设计等，如图9-2所示。

图9-2

9.3 包装设计的构成要点

包装的主展面是最关键的位置，往往给人印象深刻，其版面通常安排消费者最为关注的内容，如品牌、标志、企业、商品图片等，设计中可以创意无限，但一定要注意具体内容与表现形式的完美结合，另外主面不是孤立的，它需要与其他各面形成文字、色彩、图形的连贯、配合、呼应，才能达到理想的视觉效果。

1. 造型统一

设计同一系列或同一品牌的商品包装，在图案、文字、造型上必须给人以大致统一的印象，以增加产品的品牌感、整体感和系列感，当然也可以采用某些色彩变化来展现内容物的不同性质，吸引相应的顾客群，如图9-3所示。

2. 外形新颖

包装的外形设计必须根据其内容物的形状和大小、商品文化层次、价格档次和消费者对象等多方面因素进行综合考虑，并做到外包装和内容物品

设计形式的统一，力求符合不同层次顾客的购买心理，使他们容易产生对商品的认同感。如高档次、高消费的商品要尽量设计得造型独特、品位高雅，大众化的、廉价的商品则应该设计得符合时尚潮流和能够迎合普通大众的消费心理，如图9-4所示。

图9-3

图9-4

3. 色彩的搭配

色彩在包装版面中虽不如文字、图片信息重要，但却是视觉感受中最活跃的成分，是表现版面个性化、情感影响力的重要因素。

包装版面中为了直白说明内容，拉近与消费者的距离，有使用实物摄影写真色彩表现，也有侧重于色块、线条的组合，强调形式感，色彩表现抽象、概括、写意，如图9-5所示。

图9-5

4. 文字的设计

文字是包装必不可少的要素，编排中要依据具体内容的不同，选择字体大小、摆放位置、组织形式，把握好主次关系，如图9-6所示。

图9-6

5. 材料环保

在设计包装时应该从环保的角度出发，尽量采用可以自然分解的材料，或通过减少包装耗材来降低废弃物的数量，还可以从提高包装设计的精美和实用角度出发，使包装设计向着可被消费者作为日常生活器具加以二次利用的方向发展。

6. 编排构成

必须将上述造型、外形、色彩、文字、材料等包装设计要素按照设计创意进行统一的编排、整合，在视觉中以形成整体的、系列的包装形象。

★★★★
9.4 商业案例——药品包装设计

9.4.1 药品包装的设计思路

药品包装在设计时不需要太多的创意，只要在文字上能够体现出本药品的性能就可以了，切记药品包装不要过于复杂。

本案例是用于补锌的保健型药品包装设计，补锌的人群多是孩子，但是购买的人多数是妈妈，每个妈妈都希望孩子天真烂漫，所以在画面中的配色

要尽量活泼一些，通过配色来吸引买家的注意。画面中3种颜色的搭配就是用来隐喻，吸收的快速不受阻止，水滴中的人物表示要把本商品的好处告诉大家。本案例中的画面简单，但是并不简陋，药品名称紧紧靠在吸收通道上面，非常吸引买家的目光，此种设计正好符合药品包装的设计风格。

9.4.2 配色分析

本案例中的配色根据药品包装的特点以白色作为整体的背景色，其中的3种颜色搭配用来体现一种快速通道的感觉，以此来说明此保健品吸收快，文字的配色以蓝色加红色作为文本图像的搭配，可以更能在文字中通过对比的方式来增强视觉冲击力。本案例中的配色比较多，目的就是营造出一种活泼动感的视觉效果，如图9-7所示。

C:0 M:0 Y:100 K:0 R:255 G:240 B:0 #FFF000	C:100 M:0 Y:0 K:0 R:0 G:162 B:233 #00A2E9	C:0 M:100 Y:0 K:0 R:228 G:0 B:130 #E40082	C:100 M:100 Y:0 K:0 R:47 G:49 B:139 #2F318B
C:0 M:100 Y:100 K:0 R:230 G:33 B:41 #E62129	C:0 M:0 Y:0 K:10 R:238 G:238 B:239 #EEEEEF	C:0 M:0 Y:0 K:0 R:255 G:255 B:255 #FFFFFF	C:0 M:0 Y:0 K:100 R:51 G:44 B:43 #332C2B

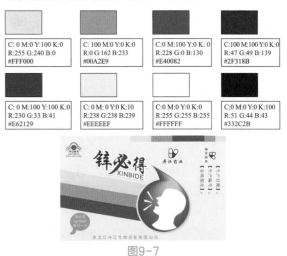

图9-7

9.4.3 构图布局

本案例中的药品包装只放置了一个正面和一个侧面，正面中的构图布局是从上向下的，只不过中间区域进行了整体的倾斜，让画面看起来更加具有动感，侧面是标准的上下结构，如图9-8所示。

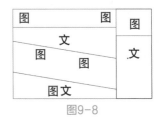

图9-8

9.4.4 使用CorelDRAW绘制药品包装正面和侧面平面图

■ 制作流程

本案例主要使用"矩形工具"□绘制矩形背景；绘制正圆形转换为曲线，调整形状复制副本后创建调和；输入文本编辑文字创建轮廓图以及添加阴影；应用"相交"功能制作Logo，复制副本输入文字，具体操作流程如图9-9所示。

图9-9

■ 技术要点

➤ 新建文档并绘制矩形；
➤ 拖出辅助线；
➤ 绘制正圆形转换为曲线后调整形状；
➤ 复制副本添加透明度；
➤ 创建调和；
➤ 应用"相交"编辑图形；
➤ 创建轮廓图；
➤ 添加阴影。

■ 操作步骤

背景的制作

01 启动CorelDRAW X8软件，新建一个空白文档。使用"矩形工具"□绘制一个灰色矩形并去掉轮廓，以此作为包装的背景，如图9-10所示。

02 在左侧的标尺处向矩形内拖动，创建一条辅助线，以此区分正面和侧面，如图9-11所示。

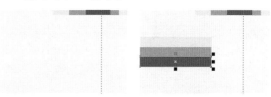

图9-10　　　　　　　　　　图9-11

03 使用"矩形工具"□在顶部绘制黄色、青色和洋红的5个矩形，此时背景部分制作完成，效果如图9-12所示。

色彩与头像的制作

01 使用"矩形工具"□绘制3个黄色、青色和洋红的矩形，以此作为包装中寓意为快速通道的区域，如图9-13所示。

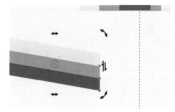

图9-12　　　　　　　　　　图9-13

02 框选3个矩形，将其进行斜切处理；这样是为了让画面看起来更加有动感，如图9-14所示。

图9-14

03 使用"椭圆形工具"○绘制一个洋红色的正圆形,按Ctrl+Q组合键将其转换为曲线,使用"形状工具"⬚调整正圆形状,设置"轮廓色"为白色、"轮廓宽度"为0.75mm,效果如图9-15所示。

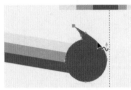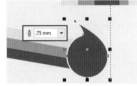

图9-15

04 按Ctrl+D组合键复制一个副本,去掉副本的轮廓,再复制一个副本,将副本缩小并填充为灰色,效果如图9-16所示。

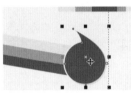

图9-16

05 使用"透明度工具"▦调整灰色图形的透明度,效果如图9-17所示。

06 使用"调和工具"⬚在两个对象上拖动创建调和效果,在属性栏中设置"步长值"为28,效果如图9-18所示。

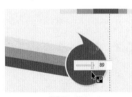

图9-17   图9-18

07 执行菜单"文本|插入字符"命令,打开"插入字符"泊坞窗,在其中选择一个头像字符,将其拖曳到文档中并填充为白色,效果如图9-19所示。

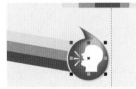

图9-19

08 执行菜单"对象|转换为曲线"命令或按Ctrl+Q组合键,将字符转换为曲线,使用"形状工具"⬚改变曲线的形状,如图9-20所示。

图9-20

09 此时色彩与头像部分制作完成,效果如图9-21所示。

图9-21

Logo与保健蓝帽的制作

01 使用"矩形工具"□在页面中绘制一个黄色的矩形,在属性栏中设置"转角半径"为10.0mm,效果如图9-22所示。

02 使用"矩形工具"□在圆角矩形上绘制一个矩形框,如图9-23所示。

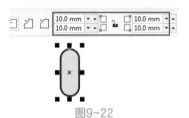

图9-22   图9-23

03 框选矩形和圆角矩形,在属性栏中单击"相交"按钮⬚,得到一个相交后的区域,将相交后的区域填充为白色,效果如图9-24所示。

图9-24

04 将矩形删除,此时可以看到一个胶囊,复制胶囊,得到一个副本,将副本的黄色区域填充为红色,按Shift+PgDn组合键调整顺序,效果如

图9-25所示。

图9-25

05 在胶囊下方输入文字，此时胶囊制作完成，将
其复制到包装背景上，效果如图9-26所示。

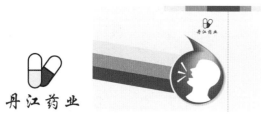

图9-26

06 导入"保健食品.jpg"素材文件，使用"刻刀工
具" 🗡在中间进行垂直拖动，将图像进行分割，
如图9-27所示。

图9-27

07 保留蓝帽图像，将其拖动到背景左上角，选择
"透明度工具" 🏁，在属性栏中设置"合并模
式"为"减少"，如图9-28所示。

图9-28

08 至此，Logo与保健蓝帽部分制作完成，效果如
图9-29所示。

图9-29

商品名称的制作

01 使用"文本工具" 字在页面中输入蓝色的药品
名称和英文，如图9-30所示。

02 使用"钢笔工具" 🖊绘制一个文字中的一撇，
将其填充为红色，是为了与文字进行对比，如
图9-31所示。

图9-30　　　　　　图9-31

03 框选中文和英文以及一撇，按Ctrl+G组合键将
其组合为一个整体，使用"轮廓图工具" 🔲在
边缘向外拖动，为其创建一个白色的轮廓图，
效果如图9-32所示。

图9-32

04 使用"阴影工具" 🔳为添加轮廓图的对象添加
阴影，效果如图9-33所示。

05 使用"选择工具" 🔖框选文字，将文字进行斜
切处理。至此，商品名称区域制作完成，效果
如图9-34所示。

图9-33　　　　　　图9-34

其他区域以及侧面的制作

01 在"插入字符"泊坞窗中选择一个字符拖曳到
页面中并填充为青色，效果如图9-35所示。

图9-35

02 使用"文本工具"字输入文字，效果如图9-36所示。

03 复制一个Logo副本，将其移动到包装侧面区域并进行旋转，效果如图9-37所示。

图9-36　　　　　　　　　图9-37

04 输入其他文字。至此，本案例制作完成，效果如图9-38所示。

图9-38

9.4.5 使用Photoshop合成药品立体包装

■ 制作流程

　　本案例主要利用"矩形选框工具"□将图像剪切并原位粘贴，创建变换框进行透视和自由变换，绘制选区填充颜色制作边缘柔滑效果，绘制黑色矩形创建图层蒙版并使用"渐变工具"■编辑图层蒙版，具体操作流程如图9-39所示。

■ 技术要点

　　➢ 导入素材；

　　➢ 将图层透视调整；

　　➢ 绘制选区填充颜色；

　　➢ 调整"不透明度"；

　　➢ 制作药盒边缘柔滑效果；

　　➢ 绘制矩形添加图层蒙版；

　　➢ 使用"渐变工具"编辑蒙版；

　　➢ 转换为智能对象；

　　➢ 应用"高斯模糊"滤镜。

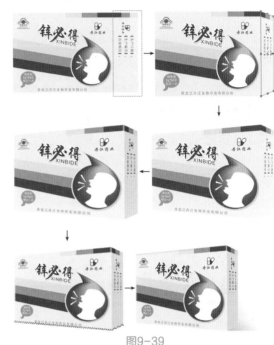

图9-39

■ 操作步骤

01 启动Photoshop CC软件，新建一个空白文档。打开之前使用CorelDRAW绘制的平面图，并将其拖曳到新建文档中。使用"矩形选框工具"□将包装侧面的区域进行框选，如图9-40所示。

02 按Ctrl+X组合键剪切选区内的图像，再执行菜单"编辑|选择性粘贴|原位粘贴"命令，将剪切的区域粘贴到新图层中，如图9-41所示。

图9-40　　　　　　　　　图9-41

03 执行菜单"编辑|变换|透视"命令，拖动透视点，将图像进行透视处理，效果如图9-42所示。

图9-42

04 右击，在弹出的快捷菜单中选择"自由变换"命令，拖动控制点调整图像，效果如图9-43所示。

图9-43

05 侧面调整完成后，使用同样的方法调整包装正面，效果如图9-44所示。

图9-44

06 选中"图层2"图层，单击"创建新的填充或调整图层"按钮 ，在弹出的下拉菜单中选择"亮度/对比"命令，在"属性"面板中调整参数，如图9-45所示。

图9-45

07 新建一个图层，使用"矩形选框工具" 绘制一个"羽化值"为5的矩形选区，并将选区填充为白色，设置"不透明度"为74%，效果如

图9-46所示。

图9-46

08 按Ctrl+D组合键取消选区，此时发现，包装正面与侧面的连接处变得更加圆滑，效果如图9-47所示。

09 复制"图层3"图层，得到一个副本，将副本移动到左侧边缘，调整大小，使用"橡皮擦工具" 擦除包装以外的高光区域，效果如图9-48所示。

图9-47　　　　　　　　图9-48

10 复制一个副本移动到右侧边缘，效果如图9-49所示。

图9-49

11 新建一个图层，使用"多边形套索工具" 绘制一个"羽化值"为5的多边形选区，将其填充为黑色，设置"不透明度"为20%，效果如图9-50所示。

12 按Ctrl+D组合键取消选区，复制"图层4"图层，得到一个副本，将其向上移动，执行菜单栏"编辑|变换|垂直翻转"命令，将翻转后的对象移动到边缘，效果如图9-51所示。

13 在"图层1"图层的下方新建一个图层，使用"矩形工具" 绘制一个黑色矩形，效果如图9-52所示。

图9-50

图9-51

图9-52

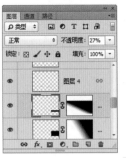

图9-54

图9-55

17 框选除背景以外的所有图层，执行菜单"图层|
图层编组"命令，将其变为"组1"。复制"组
1"，得到两个组副本，执行菜单"滤镜|转换
为智能滤镜"命令，再执行菜单"滤镜|模糊|高
斯模糊"命令，打开"高斯模糊"对话框，设
置参数值，如图9-56所示。

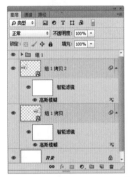

图9-56

18 设置完成后，单击"确定"按钮。完成本案例
的制作，效果如图9-57所示。

14 执行菜单"图层|图层蒙版|显示全部"命令，
为图层添加图层蒙版，使用"渐变工具"
在蒙版中填充从白色到黑色的线性渐变，
设置"不透明度"为27%，效果如图9-53
所示。

图9-53

15 复制蒙版所在的图层，按Ctrl+T组合键调出变
换框，拖动控制点将图像调矮，效果如图9-54
所示。

16 按Enter键完成变换。此时，包装盒立体制作完
成，效果如图9-55所示。

图9-57

中文版Photoshop+CorelDRAW商业案例项目设计完全解析

★★★★
9.5 商业案例——饮料包装设计

9.5.1 饮料包装的设计思路

本案例的饮料是纸盒包装，在设计时可以先将外形作为第一思考点，画面中的内容作为第二思考点，图像分为上下结构作为第三思考点。

从第一思考点来设计，可以将其设计为一款便携、环保的可回收纸盒包装，形状上考虑的是顶端连接处，也是便于手拿的位置；第二思考点就是画面中的内容，上面是水果，中间是装水果的杯子，寓意已经把水果变成了果汁；第三思考点就是在版式结构上分成了上下结构，上面是水果、下面是果汁，具体划分了水果与果汁的内在联系。

根据上面提到的3个思考点，在设计制作时就有了一个框架，只要不是太意外，都能把最终效果设计好。本案例的素材应用的是橙子图案，在软件中找到一些与水果有关的画笔笔触，结合文字和橙色图形，以此来设计出一款果汁饮料包装。

9.5.2 配色分析

既然是橙汁饮料，配色中的橘色绝对少不了，本案例就是以橘色来与水果相呼应，配合淡灰色与白色的包装，可以让整体画面在配色上有一种干净、透亮的感觉。本案例中的文字部分应用的是黑白对比的方法，这样可以增加文字的反差，提升视觉吸引力，具体配色如图9-58所示。

C:0 M:60 Y:100 K:00 R:240 G:133 B:25 #F08519	C: 0 M:0 Y:0 K:10 R:238 G:238 B:239 #EEEEEF	C:0 M:0 Y:0 K:0 R:255 G:255 B:255 #FFFFFF	C:0 M:0 Y:0 K:100 R:51 G:44 B:43 #332C2B

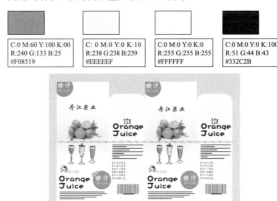

图9-58

9.5.3 构图布局

本案例包装的构图是以展开形式布局的，正面和侧面分成了左右两个部分，所以在设计时只要按照一个构图设计就可以了，正面按上下方式进行构图，上面是图形文字、中间是图像和图形、下面是文字和图形；侧面也是按上下结构布局的，上面是图形和文字，下面是文字和条形码，如图9-59所示。

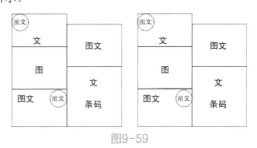

图9-59

9.5.4 使用CorelDRAW制作果汁饮品包装展开设计

■ 制作流程

本案例主要使用"矩形工具"▢绘制矩形并

设置圆角值，使用"交互式填充工具" 填充渐变色，应用"相交"造型命令和"艺术笔"泊坞窗制作背景图案；导入素材设置"合并模式"再绘制艺术笔，输入文字后，再通过"PowerClip内部"命令编辑置入图像；复制图形和文字，再插入条形码制作侧面效果，具体操作流程如图9-60所示。

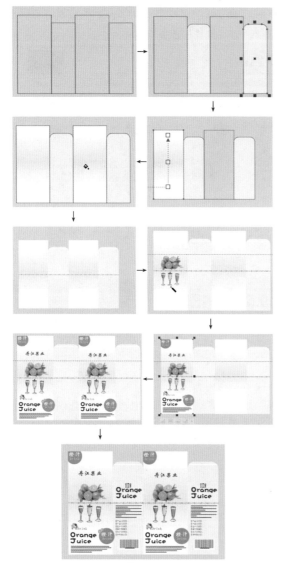

图9-60

■ 技术要点

> 绘制矩形并设置圆角；
> 使用"交互式填充工具"填充渐变色；
> 应用"滴管属性工具"复制填充属性；
> 应用"艺术笔"泊坞窗；
> 拆分艺术笔；
> 设置透明度以及"合并模式"；
> 编辑PowerClip。

■ 操作步骤

包装背景的制作

01 启动CorelDRAW X8软件，新建一个空白文档。使用"矩形工具"□根据纸盒饮品包装的特点绘制4个矩形，效果如图9-61所示。

02 分别选择第2个和第4个矩形，在属性栏中设置圆角值，如图9-62所示。

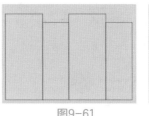

图9-61 图9-62

03 将第2个和第4个矩形填充灰色，如图9-63所示。

04 选择第1个矩形，使用"交互式填充工具" 拖动，为其填充渐变色，如图9-64所示。

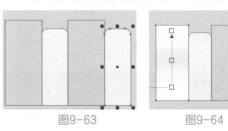

图9-63 图9-64

05 使用"滴管属性工具" 在渐变矩形上单击，再在第3个矩形上单击，效果如图9-65所示。

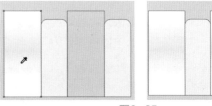

图9-65

06 去掉矩形的轮廓，执行菜单"效果|艺术笔"命令，打开"艺术笔"泊坞窗，选择一个全是水果的笔触，在页面中绘制直线，如图9-66所示。

图9-66

07 缩小笔触，使用"形状工具" 调整路径，效
果如图9-67所示。

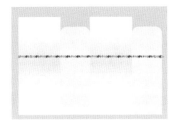

图9-67

08 按Ctrl+K组合键拆分艺术笔，将路径删除，使
用"透明度工具" 为剩余的水果图形调整透
明度，效果如图9-68所示。

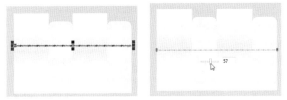

图9-68

09 使用"矩形工具" 在第2个矩形上绘制一个白
色矩形，将白色矩形和后面的矩形一同选取，
在属性栏中单击"相交"按钮 ，得到一个相
交后的区域，将相交后的区域填充为白色，效
果如图9-69所示。

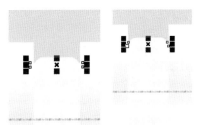

图9-69

10 删除绘制的白色矩形，再使用同样的方法制作
第4个矩形上的白色边。至此，包装背景制作完
成，效果如图9-70所示。

图9-70

包装正面区域的制作

01 拖出一条辅助线作为设计参考，如图9-71
所示。

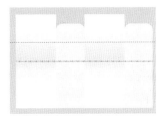

图9-71

02 导入"水果01.jpg"素材，调整大小后，选择
"透明度工具" ，在属性栏中设置"合并模
式"为"减少"，效果如图9-72所示。

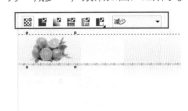

图9-72

03 在"艺术笔"泊坞窗中选择一个杯子笔触，在
页面中拖动，绘制水杯并调整大小，效果
如图9-73所示。

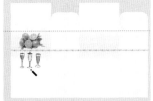

图9-73

04 使用水果笔触在页面中绘制一个圆，将水果绘
制出来，效果如图9-74所示。

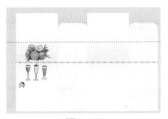

图9-74

05 使用"文本工具" 在页面中的包装正面处输
入合适的文字，效果如图9-75所示。

06 使用"椭圆形工具" 绘制一个橘色正圆形，
在上面输入白色文字，如图9-76所示。

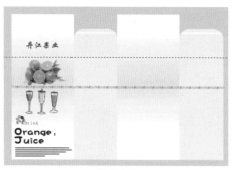

图9-75

图9-76

07 在"艺术笔"泊坞窗中选择水果笔触,在页面中绘制橙汁,再复制一个副本,效果如图9-77所示。

图9-77

08 选择橘色正圆形和白色文字,复制一个副本,如图9-78所示。

09 使用鼠标右键拖动副本到第1个矩形上,如图9-79所示。

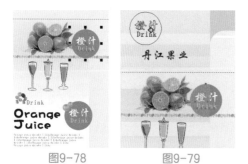

图9-78　　　　　图9-79

10 释放鼠标后,在弹出的快捷菜单中选择"PowerClip内部"命令,效果如图9-80所示。

图9-80

11 单击"编辑PowerClip"按钮,进入编辑状态,调整图形位置,效果如图9-81所示。

图9-81

12 调整完成后,单击"停止编辑内容"按钮,完成编辑后的效果如图9-82所示。

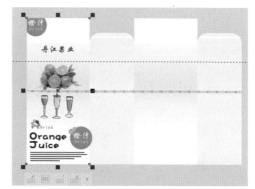

图9-82

13 复制第1个矩形上的所有图像到第3个矩形上,此时包装正面制作完成,效果如图9-83所示。

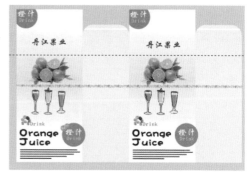

图9-83

包装侧面区域的制作

01 复制饮料杯和文字将其移动到侧面区域内,改变杯子的大小,如图9-84所示。

图9-84

02 使用"文本工具"**字**输入文字，效果如图9-85所示。

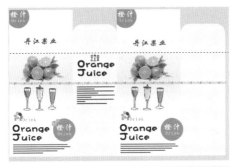

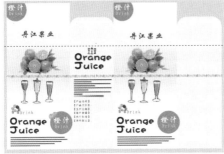

图9-85

03 下面为饮料包装添加一个条形码。执行菜单"对象|插入条码"命令，在打开的"条码向导"对话框中，根据提示添加数值即可，如图9-86所示。

图9-86

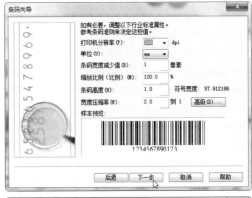

图9-86（续）

04 设置完成后，单击"完成"按钮，添加条码成功，效果如图9-87所示。

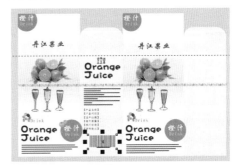

图9-87

05 复制第2个矩形上的所有内容到第4个矩形上。至此，本案例使用CorelDRAW制作果汁饮品包装展开设计完成，效果如图9-88所示。

图9-88

9.5.5 使用Photoshop制作果汁饮品的立体效果

■ 制作流程

本案例主要利用"矩形选框工具"  将图像剪切并原位粘贴,创建变换框进行透视和自由变换,绘制选区并填充颜色,应用"高斯模糊"和调整不透明度制作边缘柔滑效果,绘制黑色矩形,创建图层蒙版并使用"渐变工具"  编辑图层蒙版,以此来制作阴影,具体操作流程如图9-89所示。

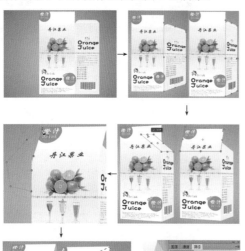

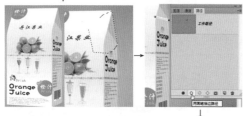

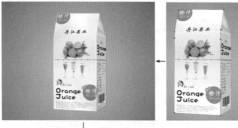

图9-89

■ 技术要点

➢ 导入素材;

➢ 将图层透视调整;

➢ 绘制选区并填充颜色;

➢ 应用"高斯模糊"滤镜;

➢ 调整"不透明度";

➢ 制作果汁盒边缘柔滑效果;

➢ 绘制矩形并添加图层蒙版;

➢ 使用"渐变工具"编辑蒙版;

➢ 转换为智能对象。

■ 操作步骤

01 启动Photoshop CC软件,新建一个空白文档。使用"渐变工具"  填充从灰色到深灰色的径向渐变,效果如图9-90所示。

图9-90

02 打开"使用CorelDRAW制作果汁饮品包装展开设计.png"素材文件,再创建选区,将正面和侧面图像拖曳到新建文档中,效果如图9-91所示。

图9-91

03 按Ctrl+T组合键调出变换框,右击,在弹出的快捷菜单中选择"透视"命令,拖动控制点调整透视后,再右击,在弹出的快捷菜单中选择"缩放"命令,拖动控制点将图像缩小,效果如图9-92所示。

图9-92

04 使用同样的方法将正面图像也创建透视，效果如图9-93所示。

05 使用"矩形选框工具" 绘制矩形选区，通过"剪切"命令和"粘贴"命令，将顶部区域放置到新图层中，效果如图9-94所示。

图9-93　　　　　图9-94

06 调整图层顺序，按Ctrl+T组合键调出变换框，按住Ctrl键拖动控制点将图像进行变换，效果如图9-95所示。

图9-95

07 按Enter键完成变换。选中"图层3"图层，按Ctrl+T组合键调出变换框，按住Ctrl键拖动控制点，将图像进行变换，效果如图9-96所示。

08 按Enter键完成变换。将"图层1"和"图层3"图层合并为一个图层，将"图层2"和"图层4"图层合并为一个图层，如图9-97所示。

图9-96　　　　　图9-97

09 选择合并后的"图层1"图层，使用"钢笔工具" 绘制路径，按Ctrl+Enter组合键将路径转

换为选区，按Delete键删除选区内的图像，按Ctrl+D组合键取消选区，如图9-98所示。

图9-98

10 再将右侧区域使用同样的方法，把边缘处理得圆滑一些，效果如图9-99所示。

11 选中"图层2"图层，执行菜单"图层|创建调整图层|亮度/对比度"命令，在"属性"面板中调整参数，如图9-100所示。

图9-99

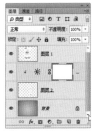

图9-100

12 新建一个图层，使用"多边形套索工具" 绘制选区，填充灰色后，按Ctrl+D组合键取消选区，如图9-101所示。

图9-101

13 此时立体部分已经出现雏形，下面为其添加柔

滑效果，将"前景色"设置为白色。新建一个图层，使用"钢笔工具" 绘制路径，选择"画笔工具" ，设置"大小"为8像素、"硬度"为100%，如图9-102所示。

图9-102

14 转换到"路径"面板中，单击"用画笔描边路径"按钮 ，描边路径后如图9-102所示。

图9-103

15 单击"路径"面板中的空白处，转换到"图层"面板中，执行菜单"滤镜|模糊|高斯模糊"命令，打开"高斯模糊"对话框，设置参数后单击"确定"按钮。在"图层"面板中设置"不透明度"为45%，效果如图9-104所示。

图9-104

16 使用"橡皮擦工具" 擦除多余部分，效果如图9-105所示。

17 将"前景色"设置为黑色，新建一个图层，使用"钢笔工具" 绘制路径，选择"画笔工具" ，转换到"路径"面板中，单击"用画笔描边路径"按钮 ，单击"路径"面板中的

空白处，转换到"图层"面板中，按Ctrl+F组合键再应用一次"高斯模糊"滤镜，设置"不透明度"为20%，效果如图9-106所示。

图9-105 图9-106

18 使用"减淡工具" 和"加深工具" 为图像进行减淡和加深处理，效果如图9-107所示。

图9-107

19 新建一个图层，使用"钢笔工具" 绘制路径，选择"画笔工具" ，转换到"路径"面板中，单击"用画笔描边路径"按钮 ，单击"路径"面板中的空白处，转换到"图层"面板中，按Ctrl+F组合键再应用一次"高斯模糊"滤镜，设置"不透明度"为20%，效果如图9-108所示。

图9-108

20 将"前景色"设置为白色，新建一个图层，使用"钢笔工具" 绘制路径，选择"画笔工具" ，转换到"路径"面板中，单击"用画笔描边路径"按钮 ，单击"路径"面板中的空白处，转换到"图层"面板中，按Ctrl+F组

合键再应用一次"高斯模糊"滤镜，设置"不透明度"为45%，效果如图9-109所示。

图9-109

21 将除"背景"图层以外的图层一同选取，按Ctrl+Alt+E组合键得到一个合并后的图层，使用"加深工具" 为图像进行加深处理，效果如图9-110所示。

图9-110

22 在"图层1"图层的下方新建一个图层，使用"多边形套索工具" 绘制选区，填充黑色后，按Ctrl+D组合键取消选区，按Ctrl+F组合键再应用一次"高斯模糊"滤镜，效果如图9-111所示。

图9-111

23 再新建一个图层，使用"多边形套索工具"绘制选区，填充黑色后，按Ctrl+D组合键取消选区，执行菜单"图层|图层蒙版|显示全部"命令，为图层添加图层蒙版，使用"渐变工具"在蒙版中填充从白色到黑色的线性渐变，设置"不透明度"为62%，效果如图9-112所示。

图9-112

24 全选除"背景"图层以外的所有图层，执行菜单"图层|图层编组"命令，将其编为"组1"。复制"组1"，得到两个组副本，执行菜单"滤镜|转换为智能滤镜"命令，按Ctrl+F组合键为其再应用一次"高斯模糊"滤镜，效果如图9-113所示。

图9-113

25 至此，本案例制作完成，效果如图9-114所示。

图9-114

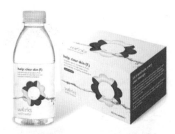

本章重点：

- 网页设计的概述与应用
- 网页设计中的布局分类形式
- 网页的设计制作要求
- 网页配色概念
- 网页安全色
- 商业案例——运动网页设计
- 商业案例——工作室网页首页设计
- 优秀作品欣赏

第10章
网页设计

本章主要从网页设计的分类、制作要求、配色等方面着手，介绍网页设计的相关知识与应用，并通过相应的网页界面设计案例，引导读者理解网页设计的应用以及制作方法，使读者能够快速掌握网页设计的特点与应用形式。

菜单等）在网页的浏览器中有效地排列起来。在设计网页页面时，需要从整体上把握好各种要素的布局，利用好表格或网格进行辅助设计。只有充分地利用、有效地分割有限的页面空间、创造出新的空间，并使其布局合理，才能制作出好的网页。

网页是当今企业作为宣传和营销的一种重要手段，作为上网的主要依托，由于人们频繁地使用网络而使网页变得越来越重要，网页设计也得到了发展。网页效果是提供一种布局合理、视觉效果突出、功能强大、使用更方便的界面给每一个浏览者，使他们能够愉快、轻松、快捷地了解网页所提供的信息，如图10-1所示。

图10-1

10.1 网页设计的概述与应用

网页的页面设计主要讲究的是页面的布局，也就是各种网页构成要素（文字、图像、图表、

10.2 网页设计中的布局分类形式

设计网页页面时常用的版式有单页和分栏两种，在设计时需要根据不同的网站性质和页面内容选择合适的布局形式，通过不同的页面布局形式可以将常见的网页分为以下几种类型。

1. "国"字形

这种结构是网页上使用最多的一种结构类型，是综合性网站常用的版式，即最上面是网站的标题以及横幅广告条，接下来就是网站的主要内容，左右分列小条内容，通常情况下左侧是主菜单，右侧放友情链接等次要内容，中间是主要内容，与左右一起罗列到底，最底端是网站的一些基本信息、联系方式、版权声明等。这种版面的优点是页面丰满、内容丰富、信息量大；缺点是页面拥挤、不够灵活，如图10-2所示。

图10-2

2. 拐角型

拐角型，又称T字形布局，这种结构和上一种只是形式上的区别，其实是很相近的，就是网页上部和左右两侧相结合的布局，通常右侧为主要内容，比例较大。在实际运用中还可以改变T字形布局的形式，如左右两栏式布局，一半是正文，另一半是形象的图像或导航栏。这种版面的优点是页面结构清晰、主次分明，易于使用；缺点是规矩呆板，如果细节色彩上不到位，很容易让人"看之无味"，如图10-3所示。

3. 标题正文型

这种类型即上面是标题，下面是正文，一些文章页面或注册页面多属于此类型，如图10-4所示。

图10-3

图10-4

4. 左右框架型

这是一种分为左右布局的网页，页面结构非常清晰，一目了然，如图10-5所示。

图10-5

5. 上下框架型

与左右框架型类似，区别仅仅在于上下框架型是一种将页面分为上下结构布局的网页，如图10-6所示。

6. 综合框架型

综合框架型网页是一种将左右框架型与上下框架型相结合的网页结构布局方式，如图10-7所示。

7. 封面创意型

这种类型的页面设计一般很精美，通常出现在时尚类网站、企业网站或个人网站的首页，优点显而易见、美观吸引人；缺点是速度慢，如图10-8所示。

图10-6

图10-7

图10-8

8. Flash型

Flash型是目前非常流行的一种页面形式，由于Flash功能的强大，页面所表达的信息更加丰富，且视觉效果出众，如图10-9所示。

图10-9

10.3　网页设计的制作要求

页面设计通过文字图像的空间组合，表达出和谐与美。在设计过程中一定要根据内容的需要，合理地将各类元素按次序编排，使它们组成一个有机的整体，展现给广大的观众。因此，在设计中可以依据以下几条原则。

- ➢ 根据网页主题内容确定版面结构。
- ➢ 有共性，才有统一，有细节区别，就有层次，做到主次分明，中心突出。
- ➢ 防止设计与实现过程中的偏差，不要定死具体要放多少条信息。
- ➢ 设计的部分，要配合整体风格，不仅页面上各项设计要统一，而且网站的各级别页面也要统一。
- ➢ 页面要"透气"，就是信息不要太过集中，以免文字编排太紧密，可适当留一些空白。但要根据平面设计原理来设计，比如分栏式结构就不宜留白。
- ➢ 图文并茂，相得益彰。注重文字和图片的互补视觉关系，相互衬托，增加页面活跃性。
- ➢ 充分利用线条和形状，增强页面的艺术魅力。
- ➢ 还要考虑到浏览器上部占用的屏幕空间，防止图片截断等造成视觉效果不好。

网页类型设计者可以根据实际情况决定，可以是商业网站、文化娱乐网站、电影网站或个人网站等。

设计时依据平面设计基本原理，巧妙安排构成要素进行页面的形式结构的设计，要求主题鲜明、布局合理、图文并茂、色彩和谐统一，设计需要能够体现出独创性和艺术性。

10.4　网页配色的概念

网页配色就是看什么样的颜色搭配，才能呈现网站风格特性。在配色的过程中，也要注意"网页配色"与"页面布局"的一致性，因为配色只是一种辅助及参考，以"专业"特质为配色效果来看，要随着不同的页面布局，而适当地针对配色效果中的某个颜色来加以修正，如果执着于书籍中的配色方式，有可能会得到相反的效果。所以在配色时要随着调整页面布局的步骤一起进行，这样才可使得页面效果更尽善尽美，在配色中可以按照以下几种配色方式来完成网页的配色。

1. 冷色系

冷色系给人专业、稳重、清凉的感觉，蓝色、绿色、紫色都属于冷色系，如图10-10所示。

图10-10

2. 暖色系

暖色系带给人较为温馨的感觉，是由太阳颜色衍生出来的颜色，红色和黄色都属于暖色系，如图10-11所示。

图10-11

3. 色彩鲜艳强烈

色彩鲜艳强烈的配色会带给人较有活力的感觉，如图10-12所示。

图10-12

4. 中性色

就是黑、白、灰三种颜色。适用于与任何色系相搭配，给人的感觉是简洁、大气、高端等，如图10-13所示。

图10-13

10.5 网页安全色

说到"网页安全色"就要从网络的历史谈起，在早期浏览器刚发展时，大部分的计算机还只是在256色模式的显示环境，而在此模式中的Internet Explorer及Netscape两种浏览器并无法在画面上呈现相同的颜色，也就是有些颜色在Internet Explorer中看得到，而在Netscape浏览器中看不到。为了避免网页图像在设计时的困扰，就有人将这256色里，无论是在Internet Explorer或是Netscape都能正常显示的颜色找出来，而其颜色数就是216色，因此一般称之为"216网页安全色"，不过，由于现今的显示器都是全彩模式，所以也不一定要谨守216色的限制。

另外，使用于页面上的颜色值是采用16进制的方式，也就是颜色值范围会从RGB模式中的（0到255）变为（00到FF）。以红色为例，在美工软件中的颜色值为255、0、0，改成16进制后会变为#FF0000，如图10-14所示。

图10-14

不过屏幕上的显示结果与印刷效果多少会有点出入，所以请大家还是要以浏览器上的显示结果为主，而这个色卡就作为设计时的参考，如图10-15所示。

中文版Photoshop+CorelDRAW商业案例项目设计完全解析

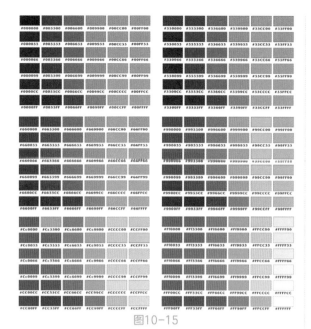

图10-15

★★★★ 10.6　商业案例——运动网页设计

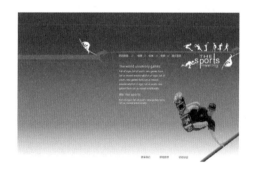

10.6.1　运动网页的设计思路

运动网页在设计时可从场景、运动人物、运动器械等方面着手，在网页中能够一眼就能看出是运动类型的网页。

本案例是一个运动网页，在页面中直接引用了一张滑板运动的人物，让其作为本网页的主题图像，背景中的蓝白相间代表天空，寓意着此类运动是在户外进行的，好的天气加上运动主题，可以给浏览者一种心情愉悦的感觉。网页中的导航区域以多个运动人物图形作为辅助图形，让整个画面都充斥着运动的气息。本作品的此种设计，正好符合运动类型网页的设计风格。

10.6.2　配色分析

本案例中的配色以蓝色为主色，蓝色是色彩中比较沉静的颜色。其象征着永恒与深邃、高远与博大、壮阔与浩渺，是令人心境畅快的颜色，蓝色表达着深远、永恒、沉静、无限、理智、诚实、寒冷等多种感觉。蓝色会给人很强烈的安稳感，同时蓝色还能够体现出和平、淡雅、洁净、可靠之感，其多用于科技产品、化妆品、运动类型或者旅游类型网页中。

本案例中以蓝色为主色，加以白色和黑色作为辅助色，可以让运动网页看起来有一种冷静中的活跃感觉，如图10-16所示。

| C:100 M:87 Y:59 K:34 R:35 G:56 B:76 #23384C | C:94 M:65 Y:13 K:10 R:24 G:96 B:156 #185E9C | C:0 M:0 Y:0 K:0 R:255 G:255 B:255 #FFFFFF | C:0 M:0 Y:0 K:100 R:51 G:44 B:43 #332C2B |

图10-16

10.6.3　构图布局

本案例中的网页在布局上属于较典型的上下框架型，风格上属于简洁风格，整个画面在布局上以右侧为重，左侧以一条粗线作为两端平衡元素，这样不会让画面有偏重感，网页元素的分布从上向下依次是导航区、正文区和版权区，如图10-17所示。

图10-17

10.6.4 使用Photoshop为网页素材进行抠图

■ 制作流程

本案例主要使用"钢笔工具" ✍创建路径，将路径转换成选区后复制选区内容，绘制矩形选区填充渐变色后应用"添加杂色"和"动感模糊"滤镜，再对图像进行变换并添加蒙版进行编辑，具体操作流程如图10-18所示。

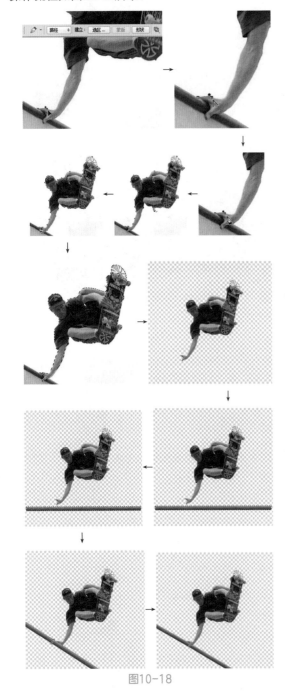

图10-18

■ 技术要点

➢ 使用"钢笔工具"创建路径；

➢ 将路径转换为选区；

➢ 复制选区内容；

➢ 隐藏背景；

➢ 使用"添加杂色"滤镜；

➢ 使用"动感模糊"滤镜；

➢ 变换图像；

➢ 添加蒙版并进行编辑。

■ 操作步骤

人物抠图

01 启动Photoshop CC软件，打开附带的"运动人物.jpg"素材文件，如图10-19所示。

02 选择"钢笔工具" ✍后，在属性栏中选择"模式"为"路径"，再在图像中人物手臂边缘单击以创建起始点，沿边缘移动到另一点，按住鼠标创建路径，连线后拖动鼠标将连线调整为曲线，如图10-20所示。

图10-19　　　　　　图10-20

03 释放鼠标后，将鼠标指针移动到锚点上，按住Alt键，此时鼠标指针右下角出现一个 ▶ 符号，单击鼠标，将后面的控制点和控制杆消除，如图10-21所示。

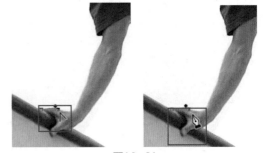

图10-21

▶ **技巧**

在Photoshop中使用"钢笔工具" ✍沿图像边缘创建路径时，创建曲线后，当前锚点会同时拥有曲线特性，再创建下一点时，如果不是按照上一锚点的曲线方向进行创建，将会出现路径不能按照自己的意愿进行调整的尴尬局面，此时结合Alt键在曲线的锚点上单击，取消锚点的曲线特性，再进行下一点曲线创建时就会非常容易，如图10-22所示。

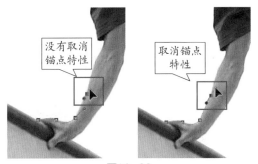

没有取消锚点特性

取消锚点特性

图10-22

04 到下一点按住鼠标并拖动，创建贴合图像的路径曲线，再按住Alt键在锚点上单击，如图10-23所示。

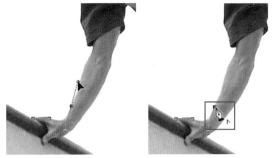

图10-23

05 使用同样的方法在人物边缘创建路径，过程如图10-24所示。

图10-24

06 当起点与终点相交时，鼠标指针右下角出现一个圆圈，单击鼠标完成路径的创建，如图10-25所示。

图10-25

07 路径创建完成后，按Ctrl+Enter组合键将路径转换为选区，如图10-26所示。

图10-26

08 按Ctrl+J组合键得到一个"图层1"图层，按Ctrl+T组合键调出变换框，拖动控制点将图像缩小，在"图层"面板中隐藏"背景"图层，如图10-27所示。

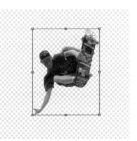

图10-27

09 按Enter键完成变换。此时人物抠图完成，效果如图10-28所示。

图10-28

手把竿的制作

01 新建"图层2"图层，使用"矩形选框工具"［□］，绘制一个矩形选区，使用"渐变工具"■，在选区内填充从灰色到深灰色的渐变色，效果如图10-29所示。

02 执行菜单"滤镜|杂色|添加杂色"命令，打开"添加杂色"对话框，其中的参数值设置如图10-30所示。

图10-29　　　　　　图10-30

03 设置完成后，单击"确定"按钮，效果如图10-31所示。

04 执行菜单"滤镜|模糊|动感模糊"命令，打开"动感模糊"对话框，其中的参数值设置如图10-32所示。

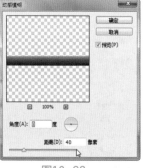

图10-31　　　　　　图10-32

05 设置完成后，单击"确定"按钮，按Ctrl+D组合键取消选区，效果如图10-33所示。

06 按Ctrl+T组合键调出变换框，将矩形进行移动和旋转，效果如图10-34所示。

图10-33　　　　　　图10-34

07 按Enter键完成变换。执行菜单"图层|图层蒙版|显示全部"命令，为图层添加图层蒙版，使用"画笔工具"✐，在手指处涂抹黑色，将手指显示出来，如图10-35所示。

图10-35

08 至此，使用Photoshop为网页素材进行抠图部分制作完成，效果如图10-36所示。

图10-36

10.6.5　使用CorelDRAW设计制作运动网页

■　制作流程

本案例主要利用"矩形工具"□绘制矩形，使用"交互式填充工具"◇填充渐变色以此来制作背景，导入素材设置"合并模式"应用"PowerClip内部"命令，输入文字转换为曲线后调整形状，具体操作流程如图 10-37所示。

■　技术要点

> 使用"矩形工具"绘制矩形；
> 填充渐变色；
> 导入素材；
> 调整不透明度设置"合并模式"；
> 使用"PowerClip内部"命令；
> 转换为曲线调整曲线形状；
> 输入文字。

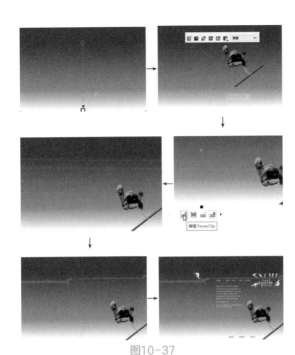

图10-37

■ 操作步骤

渐变背景的制作

01 启动CorelDRAW X8软件，新建一个空白文档。使用"矩形工具"□在文档中绘制一个"宽度"为352.0mm、"高度"为230.0mm的矩形，如图10-38所示。

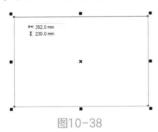

图10-38

02 在工具箱中选择"交互式填充工具"◇，在矩形中拖动填充渐变色，然后单击属性栏中的"编辑填充"按钮，打开"填充编辑"对话框，其中的参数值设置如图10-39所示。

图10-39

03 设置完成后，单击"确定"按钮，右击⊠"无填充"色块，取消矩形的轮廓，此时渐变背景制作完成，效果如图10-40所示。

人物与背景的混合

01 导入"使用Photoshop抠图.png"素材文件，如图10-41所示。

图10-40　　　　　　图10-41

02 单击属性栏中的"水平镜像"按钮，将素材进行水平翻转。选择"透明度工具"后，设置"合并模式"为"亮度"，效果如图10-42所示。

03 使用鼠标右键拖动素材到矩形上，释放鼠标后，在弹出的快捷菜单中选择"PowerClip内部"命令，效果如图10-43所示。

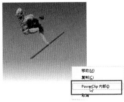

图10-42　　　　　　图10-43

04 单击"编辑PowerClip"按钮，进入编辑状态，调整素材位置，效果如图10-44所示。

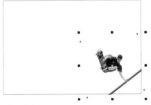

图10-44

05 调整完成后，单击"停止编辑内容"按钮，完成编辑，此时人物与背景的混合制作完成，效果如图10-45所示。

图10-45

图形与合成文字的制作

01 使用"椭圆形工具" ○绘制两个椭圆形,将两个椭圆一同选取,如图10-46所示。

02 单击属性栏中的"简化"按钮 ,将剩余的一个椭圆删除,留下月牙,效果如图10-47所示。

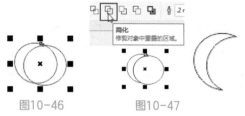

图10-46　　　　图10-47

03 使用"星形工具" ☆绘制一个三角星形,效果如图10-48所示。

04 移动星形到月牙上,框选月牙和三角星形,执行菜单"对象|造型|合并"命令,效果如图10-49所示。

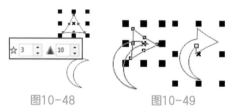

图10-48　　　　图10-49

05 将其填充为青色并移动到渐变背景上,使用"矩形工具" □绘制矩形并填充为青色,再复制一个副本调整大小和矩形形状,效果如图10-50所示。

06 框选图形后,执行菜单"对象|造型|合并"命令,将其变为一个对象,使用 字"文本工具"输入文字,字体选择"微软雅黑",如图10-51所示。

图10-50　　　　图10-51

07 使用"形状工具" 选择中间的sports,执行菜单"对象|转换为曲线"命令或按Ctrl+Q组合键,如图10-52所示。

08 使用"形状工具" 框选字母p下面的两个节点,按向下方向键,将其拉长,效果如图10-53所示。

图10-52

图10-53

09 再使用"形状工具" 框选字母t上面的两个节点,按向上方向键,将其拉长,效果如图10-54所示。

图10-54

10 选择文字进行位置上的相应调整,效果如图10-55所示。

11 导入附带的"运动人物1.png""运动人物2.png"和"运动人物3.png"素材文件,移到背景上,效果如图10-56所示。

图10-55　　　　图10-56

12 将导入的素材选取后,移动到相应位置,效果如图10-57所示。

图10-57

13 使用"文本工具" 字在背景处相应位置上输入文字。至此,本案例制作完成,效果如图10-58所示。

图10-58

10.7 商业案例——工作室网页首页设计

10.7.1 工作室网页的设计思路

一个优秀的工作室网页能够大大提升网站浏览量和点击率，出色的网页首页可以在同类型的网站中脱颖而出。

在设计制作网页之前要先了解客户的需求，根据客户的要求制作出贴合实际的网页效果。

本案例是一个工作室网页，要突出网站的主题内容，本网页是一张视觉工作室的网页首页，所以在设计时一定要富有朝气和活力，图像色彩要鲜明、醒目，并突出工作室的特质，以此来达到平台的推广和工作室的宣传目的。本案例中第一视觉点是网页上半部分的特效图像，运用了色彩鲜艳强烈的配色，以此给人带来较有活力的感觉。本作品的此种设计，正好符合工作室网页的设计风格。

10.7.2 配色分析

本案例中的配色以黑色为主色，黑色是工作室网页最常用的一种配色方式。黑色属于无彩色的一种。无彩色指的是由黑、白相混合组成的不同灰

度的灰色系列，此颜色在光的色谱中是不能被看到的，所以被称为无彩色。

由黑色和白色相搭配的网页，可以使内容更加清晰，此时可以是白底黑字，也可以是黑底白字，中间部分以灰色分割，可以使整体网店看起来更加一致，无彩色的背景可以与任何的颜色进行搭配。

本案例中以黑色为主色，加以白色和彩色区域作为辅助，可以让工作室看起来有一种高端、大气的感觉，给浏览者的印象也是非常正规的，如图10-59所示。

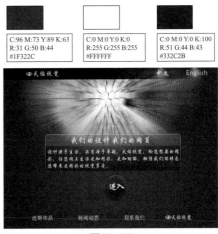

图10-59

10.7.3 构图布局

本案例中的网页在布局上属于封面创意型，风格上属于简洁有深度的类型，整个画面在布局上以中上部为重，加上修饰的文字、图形，使用整个画面看起来动感十足，如图10-60所示。

图10-60

10.7.4 使用Photoshop制作首页图像特效

■ 制作流程

本案例主要使用"渐变工具"■填充渐变色转

181

换为智能对象后应用"云彩""查找边缘""染色玻璃"和"径向模糊"滤镜，创建调整图层调整图像，具体操作流程如图10-61所示。

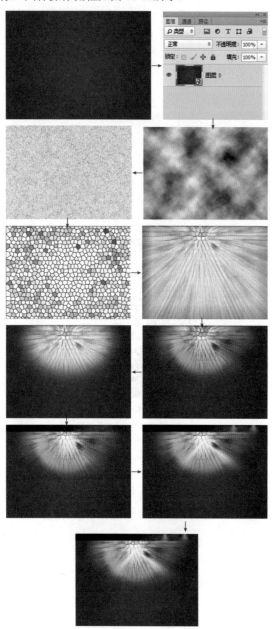

图10-61

中文版Photoshop+CorelDRAW商业案例项目设计完全解析

■ 技术要点

> 新建文档；
> 转换为智能对象；
> 应用"云彩""查找边缘""染色玻璃"和"径向模糊"滤镜；
> 编辑智能滤镜蒙版；
> 混合模式；
> 调整"不透明度"。

■ 操作步骤

01 启动Photoshop CC软件，新建一个"宽度"为1024像素、"高度"为738像素、"分辨率"为72像素/英寸的空白文档。设置"前景色"与"背景色"后，使用"渐变工具" ▣填充从前景色到背景色的径向渐变，效果如图10-62所示。

图10-62

02 执行菜单"滤镜|转换为智能滤镜"命令，此时会弹出如图10-63所示的对话框。

图10-63

03 单击"确定"按钮，此时会把"背景"图层转换为智能滤镜，如图10-64所示。

04 将"前景色"设置为黑色、"背景色"设置为白色，执行菜单"滤镜|渲染|云彩"命令，效果如图10-65所示。

图10-64   图10-65

05 执行菜单"滤镜|风格化|查找边缘"命令，再按Ctrl+F组合键两次，得到如图10-66所示的效果。

图10-66

06 执行菜单"滤镜|滤镜库"命令,打开"滤镜库"对话框,选择"纹理"卷展栏下的"染色玻璃"滤镜,此时弹出"染色玻璃"对话框,其中的参数值设置如图10-67所示。

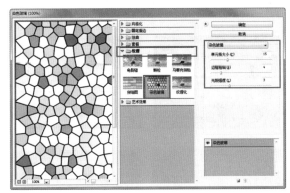

图10-67

07 设置完成后,单击"确定"按钮,效果如图10-68所示。

08 执行菜单"滤镜|模糊|径向模糊"命令,打开"径向模糊"对话框,其中的参数值设置如图10-69所示。

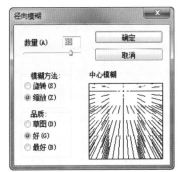

图10-68　　　　　图10-69

09 设置完成后,单击"确定"按钮,效果如图10-70所示。

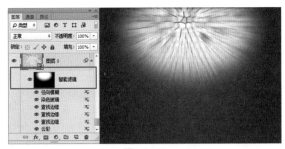

图10-71

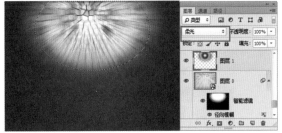

图10-72

12 新建一个图层,绘制蓝色、绿色和红色画笔,设置图层混合模式为"减去",如图10-73所示。

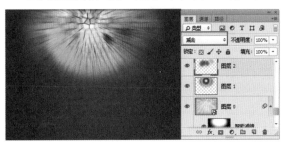

图10-73

13 绘制一个椭圆选区,创建一个"亮度/对比度"调整图层,效果如图10-74所示。

图10-70

10 在智能滤镜蒙版中进行编辑,效果如图10-71所示。

11 新建一个图层,绘制一个羽化后的椭圆选区,再使用"渐变工具" ■在选区内填充白色、蓝色、绿色和红色的径向渐变,设置图层混合模式为"柔光",效果如图10-72所示。

图10-74

⑭ 新建一个图层，绘制矩形选区，填充从黑色到透明的渐变色，效果如图10-75所示。

⑮ 新建一个图层，绘制封闭羽化选区并填充为白色，制作白色光源，效果如图10-76所示。

图10-75　　　　　　图10-76

⑯ 按Ctrl+D组合键取消选区，复制白色光源，效果如图10-77所示。

图10-77

⑰ 新建一个图层，绘制白色圆点画笔，设置图层混合模式为"叠加"、"不透明度"为79%。至此，使用Photoshop制作首页图像特效完成，效果如图10-78所示。

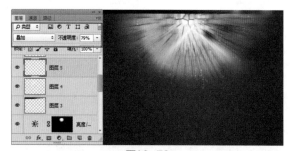

图10-78

10.7.5　使用CorelDRAW设计制作工作室网页首页

■ 制作流程

本案例主要利用"矩形工具"□绘制矩形后设置转角值，然后分别添加渐变透明和均匀透明，在"艺术笔"泊坞窗中选择按钮笔触，在"插入字符"泊坞窗中插入字符，具体操作流程如图 10-79所示。

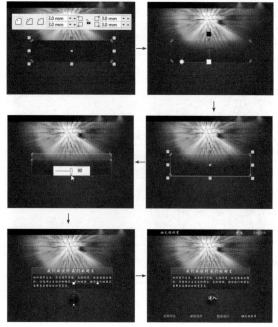

图10-79

■ 技术要点

➢ 导入素材；
➢ 使用"矩形工具"绘制矩形；
➢ 设置矩形的转角值；
➢ 调整"不透明度"；
➢ 使用"艺术笔"泊坞窗绘制艺术笔；
➢ 拆分艺术笔；
➢ 添加阴影；
➢ 插入字符；
➢ 输入文字。

■ 操作步骤

介绍区制作

① 启动CorelDRAW X8软件，新建一个空白文档。导入"使用Photoshop制作首页图像特效.png"素材文件，如图10-80所示。

图10-80

② 使用"矩形工具"□绘制黑色矩形并去掉轮廓，在属性栏中单击"圆角"按钮□，设置4个

角的"转角半径"均为3.0mm，效果如图10-81
所示。

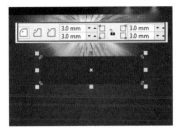

图10-81

03 使用"透明度工具"  在圆角矩形上拖动，为
其设置渐变透明，效果如图10-82所示。

图10-82

04 复制圆角矩形得到一个副本，将"填充"设
置为"无"、"轮廓"设置为白色，效果如
图10-83所示。

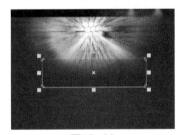

图10-83

05 使用"透明度工具" 在白色圆角矩形轮廓上拖
动，为其设置渐变透明，效果如图10-84所示。

图10-84

06 复制一个圆角矩形，将其填充为白色，拖动控
制点将其缩小，重新设置4个"转角半径"，效
果如图10-85所示。

07 使用"透明度工具"设置透明度，效果如

图10-86所示。

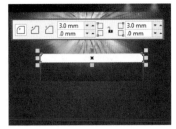

图10-85

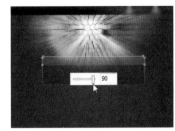

图10-86

08 使用"文本工具" 字 在圆角矩形上输入文字，
此时，介绍区制作完成，效果如图10-87所示。

图10-87

进入按钮的制作

01 执行菜单"效果|艺术笔"命令，打开"艺术
笔"泊坞窗，选择一个按钮笔触，在页面中拖
动，绘制一条直线后，会发现按钮被绘制出
来，如图10-88所示。

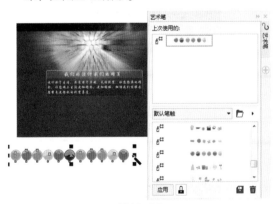

图10-88

02 执行菜单"对象|拆分艺术笔组"命令，选择其
中的路径并将其删除，效果如图10-89所示。

图10-89

03 选择拆分后的艺术笔组，执行菜单"对象|组合|取消组合"命令，选择其中的黑色按钮，将其拖动到背景图像上，效果如图10-90所示。

图10-90

04 再次执行菜单"对象|组合|取消组合对象"命令或按Ctrl+U组合键，删除白色椭圆，效果如图10-91所示。

图10-91

05 框选剩余的按钮部分并调整大小后，使用"透明度工具" ▧设置透明度，效果如图10-92所示。

图10-92

06 使用"阴影工具" ▢为按钮添加一个阴影，效果如图10-93所示。

图10-93

07 使用"椭圆形工具" ◯在按钮上绘制一个白色正圆轮廓框，效果如图10-94所示。

图10-94

08 使用"透明度工具" ▧在白色正圆轮廓上拖动，为其设置渐变透明，效果如图10-95所示。

图10-95

09 使用"文本工具" 字在正圆按钮上输入文字，此时，进入按钮的制作就完成了，效果如图10-96所示。

图10-96

文字与Logo的制作

01 使用"文本工具" 字在界面的合适位置分别输入文字，如图10-97所示。

图10-97

02 执行菜单"文本|插入字符"命令或按Ctrl+F11组合键，打开"插入字符"泊坞窗，在其中选择一个眼睛字符，将其拖曳到界面中并填充为白色，效果如图10-98所示。

图10-98

03 复制眼睛字符，将其拖曳到文字右下角处。至此，本案例制作完成，效果如图10-99所示。

图10-99

★★★★
10.8 优秀作品欣赏

本章重点：

➢ 网店首屏广告的概述与应用
➢ 网店首屏广告中的分类形式
➢ 网店首屏广告中文字排版形式
➢ 商业案例——女士方巾首屏广告
➢ 商业案例——女鞋首屏广告
➢ 优秀作品欣赏

本章主要从网店首屏广告的分类、文字排版等方面着手，介绍网店首屏广告的相关知识与应用，并通过相应的首屏广告设计案例，引导读者理解网店首屏广告设计的应用以及制作方法，使读者能够快速掌握网店首屏广告的特点与应用形式。

11.1 网店首屏广告的概述与应用

网店首屏广告在网店中的广告引流作用是毋庸置疑的，当进入网店中第一眼吸引买家的图像就是首屏广告图像，所以说首屏广告在网店中的视觉作用是第一位的，远远超过第二、三屏广告的作用，一个好的首屏广告设计还可以直接影响到后续的交易，不同风格的设计可以吸引到不同需求的买家。

首屏全屏广告的作用主要有两点，一是美化整体店铺页面。一张漂亮的首屏海报能让自己的店铺显得更加专业、更加正规，从而增加买家在本网店中的购买信心。一幅既专业又漂亮大气的海报，绝对能够在视觉上和思想上激起买家的购买欲。二是宝贝推广。进入店铺的客人很大一部分是单独进入宝贝的页面，从宝贝页面去首页的人大概会有10%～30%，所以首页有一张大气漂亮的海报会吸引客人去看看你首推的宝贝，不但首页需要海报，宝贝描述页面也需要放一张主推的宝贝海报，这样才会起到更好的推广作用，如图11-1所示。

图11-1

11.2 网店首屏广告中的分类形式

首屏广告在网店中大致可分为静态广告和轮播图广告，这两种类型的广告最终目的都是宣传网店的宝贝，以及提升网店页面的视觉效果。网店中的首屏广告和轮播图在尺寸上可分为全屏"宽度为1920像素、高度为100～600像素，如果想改变高度可以通过代码的形式进行改变、标准宽度为950、高度与全屏一致等。

在设计时可以单独设计首屏广告内容，也可以结合店招和导航一起设计，这样可以让网店的第一屏看起来更加统一，如图11-2所示。

图11-2

11.3 网店首屏广告中文字排版形式

对于网店首屏广告中的文案布局大体可以分为对齐布局、参照布局、对比布局以及组合布局4种，每种布局都有自己的特点，下面就看看这4种布局的具体使用。

1. 对齐布局

文案对齐布局在常规中通常会以边对齐和居中对齐两种形态存在，每种对齐方式都是与产品本身图片作为依据的。

边对齐在淘宝美工中通常会以文本的一端作为对齐线，使文本与整体看起来给人以稳重、力量、统一、工整的感觉，是淘宝中最常见的一种文案布局方式，如图11-3所示。边对齐比较适合新手操作，只要掌控画面整体，文本部分在主体边上只要注意对齐即可。

图11-3

居中对齐在淘宝美工中通常会以文本的水平居中位置作为对齐线，或者文本与整个画面进行居中对齐，使文本与整体看起来给人以正式、大气、高端、有品质的感觉。在淘宝海报中居中对齐通常要把文字直接打在商品上，文案部分的遮挡会与主体部分形成一个前后的感觉，看起来更加具有层次感，在不遮挡主体时，单纯的文字居中对齐，同样会使整张海报具有大气上档次的感觉，如图11-4所示。

图11-4

2. 参照布局

参照布局通常是指根据美工得到图片的类型，将文本部分与图片特点进行合理位置布局的方法，根据主图的特点，文本在图像中主要起到平衡整体的作用，如图11-5所示。此布局方法不适合初学者。

图11-5

3. 对比布局

在一幅作品中，如果不体现对比，就不能说此作品中存在设计，人们是不喜欢欣赏平淡无奇的东西的，喜欢存在对比效果的画面。

使用有对比效果的排版技巧，可以瞬间增加画面的视觉效果，对比原则包含的内容很多，比如虚实对比、冷暖对比、字体粗细对比等。不同类型的对比局部，视觉效果也会不同，如图11-6所示。

图11-6

注意

通过两张图片的对比，我们不难看出，在排版时单单使用对齐是远远不够的。在对齐的基础之上再通过对比布局，可以使图像的视觉感增加一个层次。在两张海报的对比中，我们可以发现第二张图片运用了对比原则，使画面更加吸引人，文案的组织结构也是一目了然，更便于浏览者阅读。

技巧

找出文案中重点的语句，运用大小对比和粗细对比，加强文字的强调和区分；字体部分如果要对比，就要选择比较分明的字体，既然要对比就要显示出大的够大、小的够小、粗的够粗、细的够细，让浏览者更加容易记住；对比不光增强视觉效果，而且还增强了文案的可读性，不要担心字小而错过浏览者的阅读，只要强调的部分吸引住了顾客，下面的小文字会下意识地进行阅读。对比还可以通过文本以背景的高反差效果进行显示，如果背景按不同的颜色形状进行绘制，上面的文字与背景色作为对比参照物，这样更能吸引浏览者，增强整体视觉效果。

4.分组布局

在图像中如果存在的文案过多时，就不能单纯地使用对齐加对比等布局效果了，此时只要将文字进行分类，将相同的文字信息文案摆放在一起，这样不仅使整个画面看起来有条理，而且也非常美观，更加有利于浏览者进行阅读。每个分类可以作为一个元素进行重新的布局，如图11-7所示。

图11-7

11.4 商业案例——女士方巾首屏广告

11.4.1 女士方巾首屏广告的设计思路

首屏指的是进入网店后看到的第一框图像，而广告就是在第一框内的广告，此广告与店招、导航一起被放置在第一屏中，广告的视觉引流非常重要，直接决定是不是继续拖动滑块浏览第二屏的内容。

本案例是一个女士方巾的首屏广告，既然是方巾广告就要了解客户内心想要佩戴的场所。本案例中选择的人物和方巾是春天的装扮，所以在背景上要和春天以及夏初相呼应上，这里我们选择了一款晴空下的远山和城市，代表着天气氛围和游走的场所，以此来表现出方巾对于女士在此场景下的重要性。画面中的绿树和绿叶可以带动出此场景的活力与青春的气息。画面中的文案区以居中对齐和颜色对比的方式进行搭配，使整个广告活跃中带有一丝庄严。

11.4.2 配色分析

本案例中的配色以青色为主色，给人以柔和、清洁、爽朗的印象，色环中蓝到绿相邻的颜色应该是最适合的。加上绿色和洋红色的搭配使整个画面宁静中略带可爱、快乐、有趣的印象，如图11-8所示。

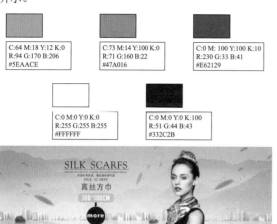

C:64 M:18 Y:12 K:0
R:94 G:170 B:206
#5EAACE

C:73 M:14 Y:100 K:0
R:71 G:160 B:22
#47A016

C:0 M: 100 Y:100 K:10
R:230 G:33 B:41
#E62129

C:0 M:0 Y:0 K:0
R:255 G:255 B:255
#FFFFFF

C:0 M:0 Y:0 K:100
R:51 G:44 B:43
#332C2B

图11-8

11.4.3 构图布局

本案例中的女士方巾首屏广告布局上属于较典型的左右结构型，除背景以外，左侧是文案区，以居中对齐的方式进行对齐处理，使文案十分正式；右侧的人物是本案例的重点，所有的背景、文案都是围绕此人物来进行搭配的，人物的放置要与文案起到平衡的作用，修饰内容起到活跃气氛的作用、本案例的尺寸是1920×600像素，如图11-9所示。

| 文案区 | 图像 |

图11-9

11.4.4 使用Photoshop抠图制作女士方巾图像

■ 制作流程

本案例主要使用"快速选择工具"创建选区，在"调整边缘"对话框中编辑选区，使用"加深工具"将人物发丝高光处加深，移入新建文档，具体操作流程如图11-10所示。

■ 技术要点

➢ 使用"快速选择工具"创建选区；
➢ 使用"调整边缘"编辑选区；
➢ 使用"置入"命令置入图像；
➢ 使用"加深工具"加深高光；

➢ 变换图像。

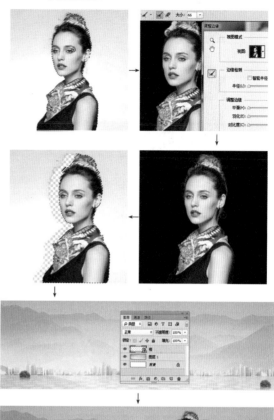

图11-10

■ 操作步骤

人物抠图

01 启动Photoshop CC软件，打开"方巾.png"素材文件。使用"快速选择工具"在人物上拖动创建一个选区，如图11-11所示。

图11-11

02 创建选区后，执行菜单"选择|调整边缘"命令，打开"调整边缘"对话框，选择"调整半径工具"，在人物发丝边缘处向外按住鼠标拖动，如图11-12所示。

向外拖动鼠标

选择工具

图11-12

▶ **技巧**

在"调整边缘"对话框中，按住Alt键，该对话框中的"取消"按钮会自动变成"复位"按钮，这样可以自动将调整的数值恢复到默认值。

03 在发丝处按住鼠标细心涂抹，此时会发现发丝边缘已经出现在视图中，拖动过程如图11-13所示。

04 涂抹后发现边缘处有多余的部分，此时只要按住Alt键，在多余处拖动，就会将其复原，如图11-14所示。

图11-13

按住Alt键拖动鼠标
图11-14

05 设置完成后，单击"确定"按钮，调出编辑后的选区，如图11-15所示。

图11-15

背景图像制作

01 新建一个1920×600像素的空白文档。打开"远山背景.jpg"素材文件。使用"移动工具" ▶+ 将图像拖曳到新建文档中并调整大小，如图11-16所示。

图11-16

02 导入"楼.png"素材文件，调整大小和位置，效果如图11-17所示。

图11-17

03 使用"移动工具" ▶+ 将"方巾"素材中的选区内图像拖曳到新建文档中，调整大小和位置，如图11-18所示。

图11-18

04 此时，人物的发丝有一些白边，下面就对其进行处理。在工具箱中选择 "加深工具" ◐，在属性栏中设置"大小"为20像素、"硬度"为0、"范围"为"高光"、"曝光度"为99%，勾选"保护色调"复选框，如图11-19所示。

图11-19

05 使用 "加深工具" ◐ 在人物的发丝处进行涂抹，效果如图11-20所示。

06 此时，背景图像制作完成，效果如图11-21所示。

图11-20

图11-21

11.4.5 使用CorelDRAW制作女士方巾的最终效果

■ 制作流程

本案例主要利用"文本工具"字输入文字后设置文字字体和颜色，使用"手绘工具"、"矩形工具"、"椭圆形工具"绘制直线、圆角矩形和正圆形，导入素材并调整大小和位置，具体操作流程如图11-22所示。

↓

↓

图11-22

■ 技术要点

➢ 使用"文本工具"输入文字；

➢ 设置文字字体和文字颜色；

➢ 绘制直线；

➢ 绘制圆角矩形；

➢ 绘制正圆形；

➢ 导入素材复制副本。

■ 操作步骤

文本区域的制作

01 启动CorelDRAW X8软件，新建一个空白文档。导入"使用Photoshop抠图制作女士方巾图像.jpg"素材文件，使用"文本工具"字在页面左侧输入文字，选择合适的字体，在字体上要有一个对比，如图11-23所示。

图11-23

02 选择文字"真丝方巾"，在"对象属性"泊坞窗中将文本颜色填充为洋红，目的是使文字有一个颜色的对比，效果如图11-24所示。

图11-24

03 使用"手绘工具"在第一行的文字下方绘制一条"轮廓宽度"为0.5mm的直线，效果如图11-25所示。

图11-25

04 使用"矩形工具"□在文字下方绘制一个4个角的"转角半径"都为7.088mm的灰色圆角矩形，效果如图11-26所示。

图11-26

05 使用"椭圆形工具"◯在圆角矩形下面绘制一个黑色的正圆形，效果如图11-27所示。

图11-27

06 执行菜单"文本|插入字符"命令，打开"插入字符"泊坞窗，在其中选择一个"箭头"字符，如图11-28所示。

图11-28

07 将"箭头"字符拖曳到文档中，调整大小后将其拖动到圆角矩形和正圆形之间，如图11-29所示。

图11-29

08 使用"文本工具"字分别在圆角矩形和正圆形上输入白色文字。至此，文本区域制作完成，效果如图11-30所示。

图11-30

修饰图形的使用

01 导入"叶.png"素材文件，如图11-31所示。

图11-31

02 拖动控制点，将素材缩小并移动到背景的右侧，效果如图11-32所示。

图11-32

03 按Ctrl+D组合键复制一个"叶"素材，将其拖动到背景的左侧，单击属性栏中的"水平镜像"按钮，效果如图11-33所示。

图11-33

04 再复制一个副本，将其拖动到中间位置，缩小后进行旋转，效果如图11-34所示。

图11-34

05 至此，本案例制作完成，效果如图11-35所示。

图11-35

11.5 商业案例——女鞋首屏广告

图11-36（续）

11.5.1 女鞋首屏广告的设计思路

女鞋首屏广告在设计时首先要看整体的网店风格，其次看商品本身，在设计此广告时是按照商品本身来设计的，本商品的颜色是粉色，所以在整体设计时要根据商品进行配色，粉色的高跟鞋是给年轻女士穿的，所以风格上要宁静中带有温馨。

本案例是一个女士高跟鞋首屏广告，为了突显出商品本身，案例中为鞋子制作了一个圆角矩形的立体平台，以此来突出鞋子的位置，虽然商品摆放在了右侧，但是不影响鞋子作为第一视觉点。左侧的文本区域以罗列三角形作为背景，此种背景自带一种活泼的感觉。文字使用了大小、字体的对比，更能凸显出文字在图像中的作用。

11.5.2 配色分析

本案例中的配色以青色图案作为主色，配上鞋子的粉色，以此体现出宁静中带有温馨的感觉。

广告中的青色与粉色在颜色环120~180度之间，采用双方面积大小不同的处理方法，以达到对比中的和谐；对比之间具有类似色的关系，也可起到调和的作用，如图11-36所示。

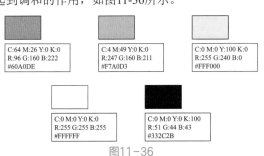

| C:64 M:26 Y:0 K:0
R:96 G:160 B:222
#60A0DE | C:4 M:49 Y:0 K:0
R:247 G:160 B:211
#F7A0D3 | C:0 M:0 Y:100 K:0
R:255 G:240 B:0
#FFF000 |

| C:0 M:0 Y:0 K:0
R:255 G:255 B:255
#FFFFFF | C:0 M:0 Y:0 K:100
R:51 G:44 B:43
#332C2B |

图11-36

11.5.3 构图布局

本案例中的首屏广告在布局上属于左右平衡型，风格上属于简洁、温馨的类型，整个画面左侧是文字、右侧是商品和展台，此类的布局符合网上浏览的习惯。本案例的尺寸是950像素×500像素，如图11-37所示。

图11-37

11.5.4 使用Photoshop制作女鞋背景图

■ 制作流程

本案例主要使用"移动工具"移入素材设置图层混合模式以及"不透明度"，应用"纹理化"滤镜，复制多个图层得到立体效果，调整"亮度/对比度"，具体操作流程如图 11-38所示。

■ 技术要点

➤ 新建文档；

➤ 应用"纹理化"滤镜；

➤ 设置图层混合模式；

➤ 调整"不透明度"；

➤ 新建图层组复制图层；

➤ 调整"亮度/对比度"；

➤ 高斯模糊调整高光。

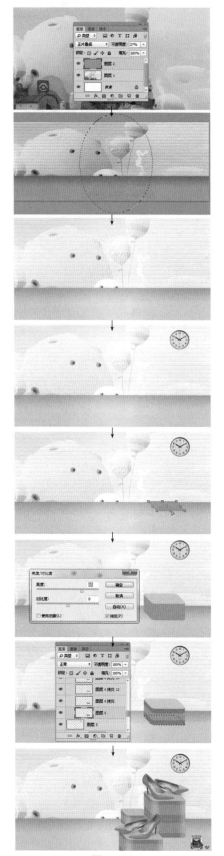

图11-38

■ 操作步骤

背景制作

01 启动Photoshop CC软件，新建一个标准宽度的网店首屏广告，设置"宽度"为950像素、"高度"为500像素、"分辨率"为72像素/英寸的空白文档。打开"女鞋背景.jpg"素材文件，使用"移动工具"  将图像拖曳到新建文档中，如图11-39所示。

图11-39

02 将"前景色"设置为R:96、G:160、B:222的颜色，按Alt+Delete组合键填充前景色。在"图层"面板中设置图层混合模式为"正片叠底"、"不透明度"为27%，如图11-40所示。

图11-40

03 执行菜单"滤镜|滤镜库"命令，打开"滤镜库"对话框，在"纹理"卷展栏中选择"纹理化"滤镜，此时变为"纹理化"对话框，其中的参数值设置如图11-41所示。

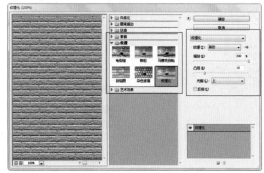

图11-41

04 设置完成后，单击"确定"按钮，效果如图11-42
所示。

图11-42

05 新建一个图层，将"背景色"设置为青色，使用"矩形选框工具" ⬚ 在文档底部绘制一个矩形选区，使用"渐变工具" ▭ 在选区内填充渐变色，设置"不透明度"为95%，如图11-43所示。

图11-43

06 按Ctrl+D组合键取消选区，使用"椭圆选框工具" ⬭ 绘制一个"羽化"为60像素的椭圆选区，如图11-44所示。

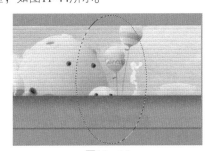

图11-44

07 执行菜单"图层|新建调整图层|亮度/对比度"命令，打开"属性"面板，设置"亮度/对比度"的参数值，效果如图11-45所示。

图11-45

图11-45（续）

08 执行菜单"图层|新建调整图层|曲线"命令，打开"属性"面板，设置"曲线"的参数值，效果如图11-46所示。

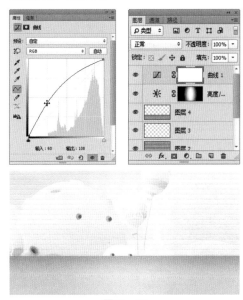

图11-46

09 打开"挂表.png"素材文件，将其拖曳到新建文档中，调整大小和位置。此时，背景制作完成，效果如图11-47所示。

图11-47

展台制作

01 新建一个图层组并新建一个图层，使用"圆角矩形工具" ▢ 在页面中绘制一个"半径"为15像素的圆角矩形，如图11-48所示。

02 按Ctrl+T组合键调出变换框，按住Ctrl键拖动控制点，调整圆角矩形，效果如图11-49所示。

图11-48

图11-49

03 按Enter键完成变换。选择"移动工具" ，按住Alt键的同时按向上方向键数次，复制40个副本，如图11-50所示。

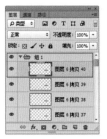 

图11-50

技巧

选择"移动工具" 后，按住Alt键的同时按方向键可以移动1个像素的距离并复制副本；按住Shift键的同时按方向键可以移动10个像素的距离并复制副本。

04 执行菜单"图像|调整|亮度/对比度"命令，打开"亮度/对比度"对话框，调整参数值后单击"确定"按钮，效果如图11-51所示。

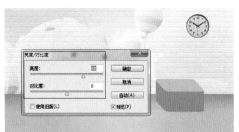

图11-51

05 选中"图层6拷贝39"图层，按Ctrl+E组合键10次向下合并图层，效果如图11-52所示。

图11-52

06 执行菜单"图像|调整|亮度/对比度"命令，打开"亮度/对比度"对话框，调整参数值后单击"确定"按钮，效果如图11-53所示。

图11-53

07 选中"图层6拷贝11"图层，按Ctrl+E组合键10次向下合并图层。执行菜单"图像|调整|亮度/对比度"命令，打开"亮度/对比度"对话框，调整参数值后单击"确定"按钮，效果如图11-54所示。

图11-54

08 选中"图层6"图层，按住Ctrl键单击"图层6"图层的缩览图，调出选区后填充深灰色，效果如图11-55所示。

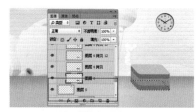

图11-55

09 按Ctrl+D组合键取消选区，在图层组最上面新建一个图层，绘制一个矩形选区填充白色，效果如图11-56所示。

中文版Photoshop+CorelDRAW商业案例项目设计完全解析

图11-56

10 按Ctrl+D组合键取消选区，执行菜单"滤镜|模糊|高斯模糊"命令，打开"高斯模糊"对话框，其中的参数值设置如图11-57所示。

图11-57

11 设置完成后，单击"确定"按钮。在"图层"面板中设置图层混合模式为"柔光"、"不透明度"为72%，如图11-58所示。

图11-58

12 使用"橡皮擦工具" 擦除多余部分，效果如图11-59所示。

图11-59

13 按住Alt键移动高光到展台左边，使用"橡皮擦工具" 擦除多余部分，效果如图11-60所示。

14 复制3个图层组副本，分别移动位置和缩小图像，效果如图11-61所示。

图11-60

图11-61

15 打开"小汽车.png"和"高跟鞋.png"素材文件，分别将其拖曳到新建文档中。至此，使用Photoshop制作女鞋背景图完成，效果如图11-62所示。

图11-62

11.5.5 使用CorelDRAW制作女鞋首屏广告的最终效果

■ 制作流程

本案例主要利用"多边形工具" 绘制三角形，使用"透明度工具" 调整透明效果，再绘制三角形并输入文字，使用"椭圆形工具" 绘制圆环并应用"简化"命令编辑对象，具体操作流程如图 11-63所示。

■ 技术要点

➤ 导入素材；

➤ 使用"多边形工具"绘制三角形；

➤ 调整"不透明度"；

➤ 使用"椭圆形工具"绘制圆环；

> "简化"造型处理；
> 输入文字。

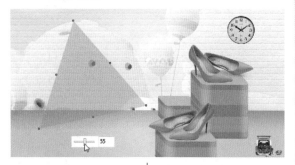

图11-63

■ 操作步骤

01 启动CorelDRAW X8软件，新建一个空白文档。导入"使用Photoshop制作女鞋背景图.jpg"素材文件，再使用"多边形工具" ⊙ 在页面左侧绘制一个青色的三角形，如图11-64所示。

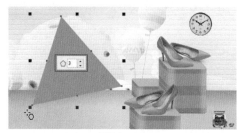

图11-64

02 使用"透明度工具" ▨ 设置三角形的透明度，效果如图11-65所示。

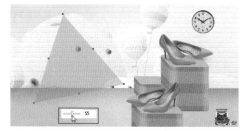

图11-65

03 使用"多边形工具" ⊙ 在透明三角形上绘制一个与鞋子颜色一致的粉色三角形，效果如图11-66所示。

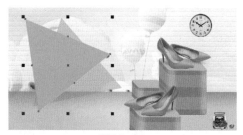

图11-66

04 使用"文本工具" 字 在三角形上输入文字，选择合适的字体，在字体和大小上要有一个对比，效果如图11-67所示。

图11-67

05 使用"多边形工具"〇在文字下方绘制两个三角形，再使用"文本工具"字输入黑色文字，效果如图11-68所示。

图11-68

06 使用"椭圆形工具"〇在三角形的右侧绘制一个"轮廓宽度"为1.5mm的粉色正圆轮廓，如图11-69所示。

图11-69

07 执行菜单"对象|将轮廓转换为对象"命令或按Ctrl+Shift+Q组合键，再在圆环上使用"矩形工具"□绘制一个矩形，效果如图11-70所示。

图11-70

08 将矩形和圆环一同选取，单击属性栏中的"简化"按钮囗，将圆环进行简化处理，效果如图11-71所示。

图11-71

09 将矩形删除后，在圆环内输入文字。至此，本案例制作完成，效果如图11-72所示。

图11-72

★★★★
11.6 优秀作品欣赏

本章重点：
- ➤ UI设计的概述与应用
- ➤ UI的分类
- ➤ UI的色彩基础
- ➤ UI的设计原则
- ➤ 商业案例——质感旋钮开关
- ➤ 商业案例——手机天气控件
- ➤ 优秀作品欣赏

本章主要从UI的分类、设计准则等方面着手，介绍UI设计的相关知识与应用，并通过质感风格和扁平风格两个UI案例，引导读者理解UI设计的应用以及制作方法，使读者能够快速掌握UI设计的特点与应用形式。

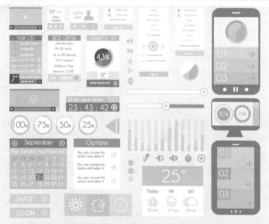

12.1 UI设计的概述与应用

UI（User Interface）即用户界面，UI 设计是指对软件的人机交互、操作逻辑、界面美观的整体设计。它是系统和用户之间进行交互和信息交换的媒介，它实现信息的内部形式与人类可以接受形式之间的转换，好的 UI 设计不仅让软件变得有个性和品位，还会使软件的操作变得舒适、简单、自由，充分体现软件的定位和特点，UI 设计大体上可以由图形界面设计（Graphical User Interface）、交互设计（Interaction Design）和用户研究（User Study）来构成，如图12-1所示。

图12-1

图12-1（续）

12.2　UI的分类

UI在设计时根据界面的具体内容可以将其大体分为以下几类。

1.环境型界面

环境型UI所包含的内容非常广泛，涵盖政治、经济、文化、娱乐、科技、民族和宗教等领域。

2.功能型界面

功能型UI是最常见的网页类型，它的主要目的就是展示各种商品和服务的特性及功能，以吸引用户消费。常见的各种购物UI和各个公司的UI基本都属于功能性界面。

3.情感型界面

情感型界面并不是指UI内容，而是指界面通过配色和版式构建出某种强烈的情感氛围，引起浏览者的认同和共鸣，从而达到预期目的的一种表现手法。

12.3　UI的色彩基础

UI设计与其他的设计一样，也十分注重色彩的搭配，想要为界面搭配出专业的色彩，给人一种高端、上档次的感受就需要对色彩基础知识有所了解。

12.3.1　颜色的概念

树叶为什么是绿色的？树叶中的叶绿素大量吸收红光和蓝光，而对绿光吸收最少，大部分绿光被反射出来了，进入人眼，人就看到绿色。

"绿色物体"反射绿光，吸收其他色光，因此看上去是绿色。"白色物体"反射所有色光，因此看上去是白色。颜色其实是一个非常主观的概念，不同动物的视觉系统不同，看到的颜色就会不一样。比如，蛇眼不但能察觉可见光，而且还能感应红外线，因此蛇眼看到的颜色就跟人眼不同。

12.3.2　色彩三要素

视觉所感知的一切色彩形象，都具有明度、色相和纯度（饱和度）三种性质，这三种性质是色彩最基本的构成元素。

1.明度

明度指的是色彩的明暗程度。在无彩色中，明度最高的色为白色，明度最低的色为黑色，中间存在一个从亮到暗的灰色系列，如图12-2所示。在有彩色中，任何一种纯度色都有着自己的明度特征。例如，黄色为明度最高的色，处于光谱的中心位置，紫色是明度最低的色，处于光谱的边缘，一个彩色物体表面的光反射率越大，对视觉刺激的程度越大，看上去就越亮，这一颜色的明度就越高，如图12-3所示。

> **提示**
>
> 在UI设计中，明度的应用主要为使用同一颜色时不同明暗的界面效果。

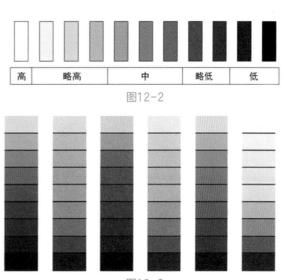

高	略高	中	略低	低

图12-2

图12-3

2. 色相

色相指的是色彩的相貌。在可见光谱上，人的视觉能感受到红、橙、黄、绿、蓝、紫这些不同特征的色彩，人们给这些可以相互区别的色定出名称，当我们称呼其中某一色的名称时，就会有一个特定的色彩印象，这就是色相的概念。正是由于色彩具有这种具体相貌的特征，我们才能感受到五彩缤纷的世界。

如果说明度是色彩隐秘的骨骼，色相就很像色彩外表的华美肌肤。色相体现着色彩外向的性格，是色彩的灵魂。

最初的基本色相为红、橙、黄、绿、蓝、紫。在各色中间加插一两个中间色，其头尾色相按光谱顺序为红、红橙、橙、黄橙、黄、黄绿、绿、蓝绿、蓝、蓝紫、紫、红紫。在相邻的两个基本色相中间再加一个中间色，可制出十二个基本色相，如图12-4所示。

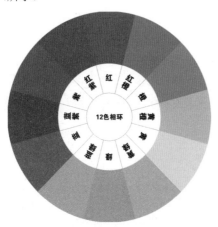

图12-4

这十二个色相的色调变化，在光谱色感上是均匀的。如果进一步再找出其中间色，便可以得到二十四个色相，如图12-5所示。

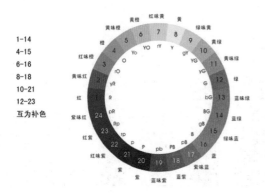

图12-5

3. 饱和度

饱和度指的是色彩的鲜艳程度，它取决于一处颜色的波长单一程度。我们视觉能辨认出的有色相感的色，都具有一定程度的鲜艳度，比如红色，当它混入了白色时，虽然仍旧具有红色相的特征，但它的鲜艳度降低了，明度提高了，成为淡红色；当它混入黑色时，鲜艳度降低了，明度变暗了，成为暗红色；当混入与红色明度相似的中性灰时，它的明度没有改变，饱和度降低了，成为灰红色。如图12-6所示的图像为饱和度色标。

图12-6

12.3.3 色彩的混合

了解如何创建颜色以及如何将颜色相互关联可让您在 Photoshop 中更有效地工作。只有对基本颜色理论有了了解，才能将作品生成一致的结果，而不是偶然获得某种效果。在对颜色进行创建的过程中，大家可以依据加色原色（RGB）、减色原色（CMYK）和色轮来完成最终效果。

加色原色是指三种色光（红色、绿色和蓝色），当按照不同的组合将这三种色光添加在一起时，可以生成可见色谱中的所有颜色。添加等量的红色、蓝色和绿色光可以生成白色。完全缺少红色、蓝色和绿色光将导致生成黑色。计算机的显示器就是使用加色原色来创建颜色的设备，如图12-7所示。

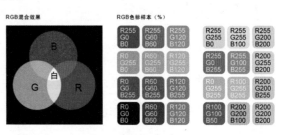

图12-7

减色原色是指一些颜料，当按照不同的组合将这些颜料添加在一起时，可以创建一个色谱。与显示器不同，打印机使用减色原色（青色、洋红色、黄色和黑色颜料）并通过减色混合来生成颜色。使用"减色"这个术语是因为这些原色都是纯色，将它们混合在一起后生成的颜色都是原色的不纯版本。例如，橙色是通过将洋红色和黄色进行减色混合创建的，如图12-8所示。

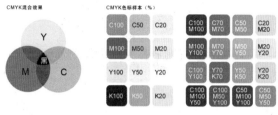

图12-8

如果您是第一次调整颜色分量，在处理色彩平衡时手头有一个标准色轮图表会很有帮助。可以使用色轮来预测一个颜色分量中的更改如何影响其他颜色，并了解这些更改如何在 RGB 和 CMYK 颜色模型之间转换。

例如，通过增加色轮中相反颜色的数量，可以减少图像中某一颜色的数量，反之亦然。在标准色轮上，处于相对位置的颜色被称作补色。同样，通过调整色轮中两个相邻的颜色，甚至将两个相邻的色彩调整为其相反的颜色，可以增加或减少一种颜色。

在 CMYK 图像中，可以通过减少洋红色数量或增加其互补色的数量来减淡洋红色，洋红色的互补色为绿色（在色轮上位于洋红色的相对位置）。在 RGB 图像中，可以通过删除红色和蓝色或通过添加绿色来减少洋红。所有这些调整都会得到一个包含较少洋红的整体色彩平衡，如图12-9所示。

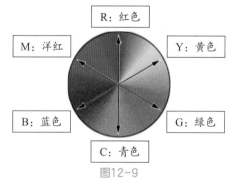

图12-9

三原色，RGB颜色模式由红、绿、蓝三种颜色定义的原色主要应用于电子设备中，比如电视和电脑，但是在传统摄影中也有应用。在电子时代之前，基于人类对颜色的感知，RGB颜色模型已经有了坚实的理论支撑，如图12-10所示。

在美术上又把红、黄、蓝定义为色彩三原色，但是品红加适量黄可以调出大红（红=M100+Y100），而大红却无法调出品红；青加适量品红可以得到蓝（蓝=C100+M100），而蓝加绿得到的却是不鲜艳的青；用黄、品红、青三色能调配出更多的颜色，而且纯正并鲜艳。用青加黄调出的绿（绿=Y100+C100），比蓝加黄调出的绿更加纯正与鲜艳，而后者调出的却较为灰暗；品红加青调出的紫是很纯正的（紫=C20+M80），而大红加蓝只能得到灰紫等。此外，从调配其他颜色的情况来看，都是以黄、品红、青为其原色，色彩更为丰富、色光更为纯正而鲜艳。（在3ds Max中，三原色为红、黄、蓝），如图12-11所示。

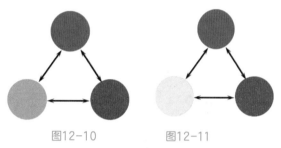

图12-10　　　　　　图12-11

二次色，在RGB颜色模式中由红色+绿色变为黄色、红色+蓝色变为紫色、蓝色+绿色变为青色；在绘画中三原色的二次色为红色+黄色变为橙色、黄色+蓝色变为绿色、蓝色+红色变为紫色，如图12-12所示。

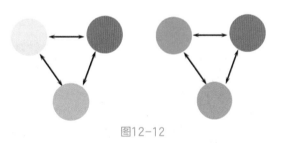

图12-12

12.3.4　色彩的分类

色彩主要分为两大类，即有彩色和无彩色。有彩色是指诸如红、绿、蓝、青、洋红和黄等具有"色相"属性的颜色；无彩色则指黑、白和灰等中性色。

1. 无彩色

无彩色是指黑色、白色，以及这两种颜色混合而成的各种深浅不同的灰色，如图12-13所示。

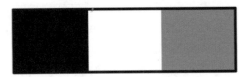

无彩色（黑、白、灰）

图12-13

无彩色不具备"色相"属性，因此也就无所谓饱和度。从严格意义上讲，无彩色只是不同明度的具体体现。

无彩色虽然不像有彩色那样多姿多彩，引人注目，但在设计中有着无可取代的地位。因为中性色可以和任何有彩色完美地搭配在一起，所以常被用于衔接和过渡多种"跳跃"的颜色。在日常生活中，我们所看到的颜色都多多少少包含一些中性色的成分，所以才会呈现如此丰富多彩的视觉效果，无色彩UI如图12-14所示。

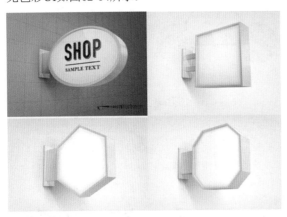

图12-14

2. 有彩色

有彩色是指人们能够看到的所有色彩，包括各种原色、原色之间的混合色，以及原色与无彩色之间的混合所生成的颜色，有彩色中的任何一种颜色都具备完整的"色相""饱和度"和"明度"属性，如图12-15所示。

图12-15

12.4 UI的设计原则

UI 设计是一个系统化整套的设计工程，看似简单，其实不然，在这套"设计工程"中一定要按照设计原则进行设计，UI 的设计原则主要有以下几点。

1. 简易性

在整个 UI 设计的过程中一定要注意设计的简易性，界面的设计一定要简洁、易用且好用。让用户便于使用，便于了解，并能最大限度地减少选择性的错误。

2. 一致性

一款成功的UI设计应该拥有一个优秀的界面，同时也是所有优秀界面所具备的共同特点，UI的应用必须清晰一致，风格与实际应用内容相同，所以在整个设计过程中应保持一致性。

3. 提升用户的熟知度

用户在第一时间内接触到界面时必须是之前所接触到或者已掌握的知识，新的应用绝对不能超过一般常识，比如，无论是拟物化的写实图标设计还是扁平化的界面都要以用户所掌握的知识为基准。

4. 可控性

可控性在设计过程中起到了先决性的条件，

在设计之初就要考虑到用户想要做什么，需要做什么，而此时在设计中就要加入相应的操控提示。

5. 记性负担最小化

一定要科学地分配应用中的功能说明，力求操作最简化，从人脑的思维模式出发，不要打破传统的思维方式，不要给用户增加思维负担。

6. 从用户的角度考虑

想用户所想，思用户所思，研究用户的行为，因为大多数的用户是不具备专业知识的，他们往往从自身的行为习惯出发进行思考和操作，在设计的过程中把自己列为用户，以切身体会去设计。

7. 顺序性

一款功能齐全的UI应用应该在功能上按一定规律进行排列，一方面可以让用户在极短的时间内找到自己需要的功能，另一方面可以拥有直观的简洁易用的感受。

8. 安全性

无论任何UI的应用在用户进行切身体会自由选择操作时，他所做出的这些动作都应该是可逆的，比如在用户做出一个不恰当或者错误操作的时候，应当有危险信息介入。

9. 灵活性

快速高效率及整体满意度在用户看来都是人性化的体验，在设计过程中需要尽可能地考虑到特殊用户群体的操作体验，比如残疾人、色盲、语言障碍者等，这一点可以在 iOS 操作系统上得到最直观的感受。

★★★★ 12.5 商业案例——质感旋钮开关

12.5.1 质感旋转开关的设计思路

UI图标设计大致上分为质感效果和扁平效果两种样式。本案例中的旋转开关属于质感表现效果，此类型的效果在设计时使用的软件多数以Photoshop为主，因为Photoshop可以制作出真实效果质感。

本案例是一个旋转质感开关，在设计时使用了旋转环的设计，通过转动旋转环可以达到开关的目的，随着旋转时蓝光的强弱来判断开关效果的大小，整个开关赋予了金属材质感，单看效果就能看出此产品科技感十足。

12.5.2 配色分析

本案例属于UI配色中典型的无色彩案例，配色以深灰色作为开关显示的背景，开关本身以灰色的渐变来产生金属质感，乳白色圆环、青蓝色的背景和蓝色的发光，组成了开关部分的整体配色，如图12-16所示。

C:42 M:34 Y:32 K:0 R:164 G:164 B:164 #A4A4A4	C:20 M:15 Y:15 K:0 R:213 G:213 B:213 #D5D5D5	C:71 M:28 Y:0 K:10 R:57 G:155 B:236 #399BEC	C:0 M:0 Y:0 K:0 R:255 G:255 B:255 #FFFFFF

图12-16

12.5.3 构图布局

本案例中的质感旋转开关以圆角矩形作为整体形状，中间部分按照圆形进行分布，如图12-17所示。

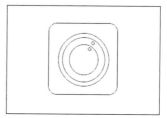

图12-17

12.5.4 使用Photoshop制作质感旋转开关

■ 制作流程

本案例主要绘制圆角矩形形状、正圆形状，为其添加合适的图层样式，具体操作流程如图 12-18 所示。

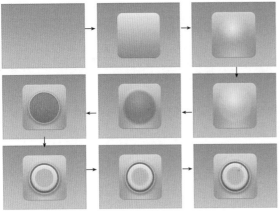

图12-18

■ 技术要点

> 绘制圆角矩形；
> 绘制正圆形；
> 应用图层样式；
> 绘制正圆选区填充颜色。

■ 操作步骤

背景与开关形状质感制作

01 启动Photoshop CC软件，新建一个"宽度"为800像素、"高度"为600像素、"分辨率"为72像素/英寸的空白文档。在"图层"面板中新建"图层1"图层，如图12-19所示。

图12-19

02 执行菜单"图层|图层样式|内阴影"命令，打开"图层样式"对话框，勾选"内阴影"复选框，其中的参数值设置如图12-20所示。

03 勾选"渐变叠加"复选框，此时会打开"渐变叠加"面板，其中的参数值设置如图12-21所示。

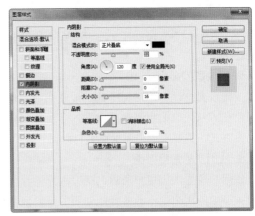

图12-20

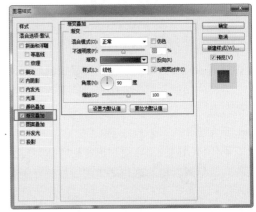

图12-21

04 设置完成后，单击"确定"按钮，效果如图12-22所示。

图12-22

05 使用"圆角矩形工具" 在背景中绘制一个"半径"为15像素的圆角矩形，如图12-23所示。

图12-23

06 执行菜单"图层|图层样式|内阴影"命令，打开"图层样式"对话框，勾选"内阴影"复选框，其中的参数值设置如图12-24所示。

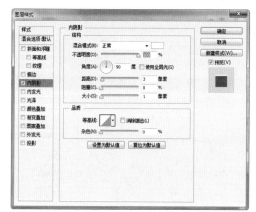

图12-24

07 勾选"渐变叠加"复选框，此时会打开"渐变叠加"面板，其中的参数值设置如图12-25所示。

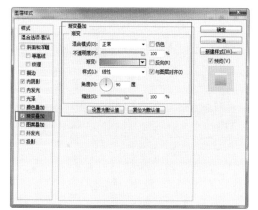

图12-25

08 勾选"投影"复选框，此时会打开"投影"面板，其中的参数值设置如图12-26所示。

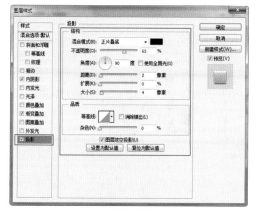

图12-26

09 设置完成后，单击"确定"按钮，效果如图12-27所示。

图12-27

10 复制"圆角矩形1"图层，得到一个复制图层，删除图层样式，如图12-28所示。

图12-28

11 执行菜单"图层|图层样式|渐变叠加"命令，打开"图层样式"对话框，勾选"渐变叠加"复选框，其中的参数值设置如图12-29所示。

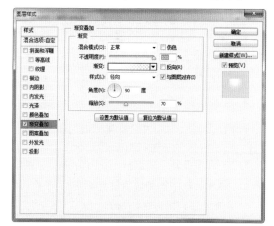

图12-29

12 设置完成后，单击"确定"按钮。在"图层"面板中设置"填充"为0，效果如图12-30所示。

13 复制"圆角矩形1 拷贝"图层，得到一个"圆角矩形拷贝2"图层。双击"圆角矩形1 拷贝2"图层中的"渐变叠加"图层样式，打开"图层样式"对话框，其中的参数值设置如图12-31所示。

图12-30

图12-31

14 勾选"描边"复选框,此时会打开"描边"面板,其中的参数值设置如图12-32所示。

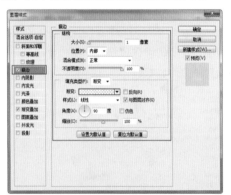

图12-32

15 勾选"图案叠加"复选框,此时会打开"图案叠加"面板,其中的参数值设置如图12-33所示。

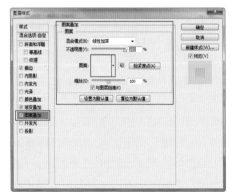

图12-33

技巧

　　新建文档后应用"添加杂色"滤镜,再将其定义为图案,就可以将图案添加预设中。

16 设置完成后,单击"确定"按钮,效果如图12-34所示。

图12-34

17 新建"图层2"图层,使用"椭圆选框工具" ○.在圆角矩形上绘制一个"羽化"为10的正圆选区,将选区填充为白色,设置"不透明度"为30%,效果如图12-35所示。

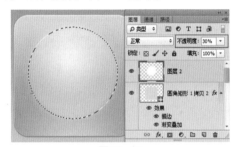

图12-35

18 按Ctrl+D组合键取消选区,执行菜单"图层|图层样式|渐变叠加"命令,打开"图层样式"对话框,勾选"渐变叠加"复选框,其中的参数值设置如图12-36所示。

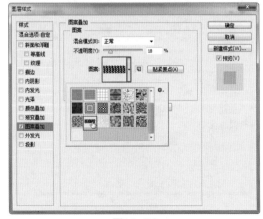

图12-36

19 设置完成后,单击"确定"按钮,效果如

图12-37所示。

图12-37

20 新建"图层3"图层，使用"椭圆选框工具" ○.在圆角矩形上绘制一个"羽化"为10像素的正圆选区，将选区填充为黑色，设置"不透明度"为30%，效果如图12-38所示。

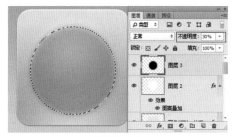

图12-38

21 按Ctrl+D组合键取消选区。此时，背景与开关质感制作完成，效果如图12-39所示。

图12-39

旋钮区域制作

01 使用"椭圆工具" ○.在圆角矩形中间位置绘制一个青色的正圆形，如图12-40所示。

图12-40

02 执行菜单"图层|图层样式|渐变叠加"命令，打开"图层样式"对话框，勾选"渐变叠加"复选框，其中的参数值设置如图12-41所示。

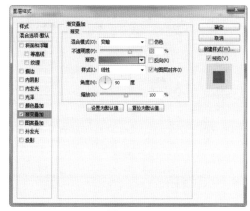

图12-41

03 勾选"描边"复选框，此时会打开"描边"面板，其中的参数值设置如图12-42所示。

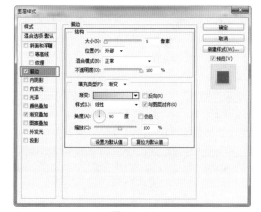

图12-42

04 勾选"内阴影"复选框，此时会打开"内阴影"面板，其中的参数值设置如图12-43所示。

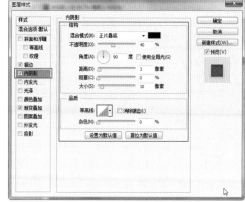

图12-43

05 勾选"图案叠加"复选框，此时会打开"图案叠加"面板，其中的参数值设置如图12-44所示。

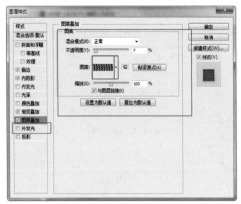

图12-44

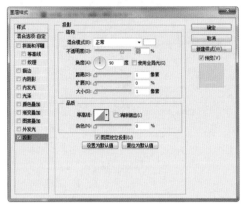

图12-47

06 勾选"外发光"复选框，此时会打开"外发光"面板，其中的参数值设置如图12-45所示。

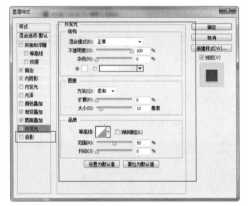

图12-45

07 设置完成后，单击"确定"按钮，效果如图12-46所示。

图12-46

08 复制"椭圆1"图层，得到一个复制图层，删除图层样式。执行菜单"图层|图层样式|投影"命令，打开"图层样式"对话框，勾选"投影"复选框，其中的参数值设置如图12-47所示。

09 设置完成后，单击"确定"按钮。在"图层"面板中设置"填充"为0，效果如图12-48所示。

图12-48

10 使用"椭圆工具" 在圆角矩形中间位置绘制一个白色的正圆形，如图12-49所示。

图12-49

11 执行菜单"图层|图层样式|斜面和浮雕"命令，打开"图层样式"对话框，勾选"斜面和浮雕"复选框，其中的参数值设置如图12-50所示。

图12-50

中文版Photoshop+CorelDRAW商业案例项目设计完全解析

12 勾选"渐变叠加"复选框，此时会打开"渐变叠加"面板，其中的参数值设置如图12-51所示。

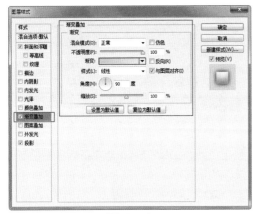

图12-51

13 勾选"投影"复选框，此时会打开"投影"面板，其中的参数值设置如图12-52所示。

图12-52

14 设置完成后，单击"确定"按钮，效果如图12-53所示。

图12-53

15 使用"椭圆工具" ◯，在圆角矩形中间位置绘制一个灰色的正圆形，如图12-54所示。

16 执行菜单"图层|图层样式|内阴影"命令，打开"图层样式"对话框，勾选"内发光"复选框，其中的参数值设置如图12-55所示。

图12-54

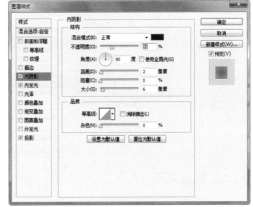

图12-55

17 勾选"内发光"复选框，此时会打开"内发光"面板，其中的参数值设置如图12-56所示。

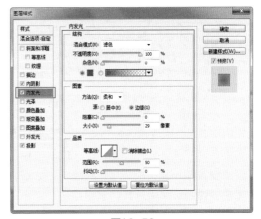

图12-56

18 勾选"投影"复选框，此时会打开"投影"面板，其中的参数值设置如图12-57所示。

19 设置完成后，单击"确定"按钮，效果如图12-58所示。

20 新建"图层4"图层，使用"椭圆选框工具" ◯，在圆环上绘制一个正圆选区，再使用"渐变工具" ▣，在选区内填充从灰色到淡灰色的径向渐变色，效果如图12-59所示。

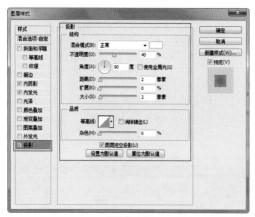

图12-57

图12-58

图12-59

21 按Ctrl+D组合键取消选区,复制"图层4"图层得到一个"图层4拷贝"图层,按Ctrl+T组合键调出变换框,拖动控制点将其缩小,右击,在弹出的快捷菜单中选择"垂直翻转"命令,效果如图12-60所示。

图12-60

22 按Enter键完成变换。复制"图层4"和"图层4拷贝"图层,得到两个复制图层,将复制后的

对象移动位置,效果如图12-61所示。

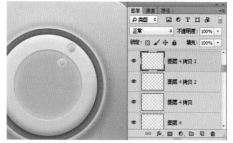

图12-61

23 使用"椭圆工具" 在渐变正圆形上绘制一个灰色的正圆形,执行菜单"图层|图层样式|内阴影"命令,打开"图层样式"对话框,勾选"内阴影"复选框,其中的参数值设置如图12-62所示。

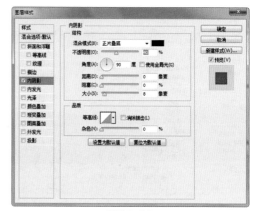

图12-62

24 勾选"渐变叠加"复选框,此时会打开"渐变叠加"面板,其中的参数值设置如图12-63所示。

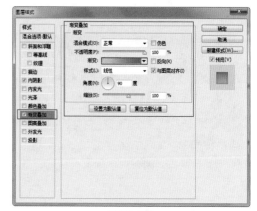

图12-63

25 勾选"外发光"复选框,此时会打开"外发光"面板,其中的参数值设置如图12-64所示。

26 勾选"投影"复选框,此时会打开"投影"面板,其中的参数值设置如图12-65所示。

中文版Photoshop+CorelDRAW商业案例项目设计完全解析

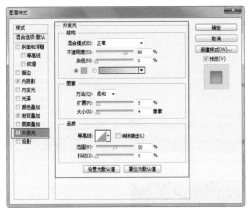

图12-64

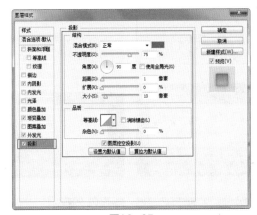

图12-65

㉗ 设置完成后，单击"确定"按钮，效果如图12-66所示。

图12-66

㉘ 使用"椭圆工具" ⬭ 在渐变正圆形上绘制一个白色的椭圆形，如图12-67所示。

图12-67

㉙ 执行菜单"图层|图层蒙版|显示全部"命令，为图层添加图层蒙版后，使用"矩形工具" ▭，绘制一个黑色矩形。执行菜单"窗口|属性"命令，打开"属性"面板，设置"浓度"为100%，如图12-68所示。

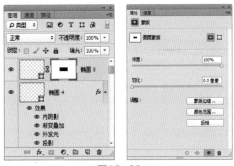

图12-68

㉚ 至此，本案例质感旋钮开关制作完成，效果如图12-69所示。

图12-69

★★★★ 12.6 商业案例——手机天气控件

12.6.1 手机天气控件的设计思路

　　苹果在UI中率先使用扁平风格，引领了整个UI的跟风，扁平风格已经在绝大多数的数码设备中得到了应用，此类风格的制作多数以矢量软件来制作。

本案例制作的手机天气控件就是典型的偏平风格效果，上部显示当前的时间，已经具体地体现在了分钟上，从上面添加的钟表界面就能够体现出来。下部体现的是天气情况，具体的可以看到当前温度、一天的最高气温和最低气温以及当前的天气情况，右侧以一款天气小图标可以更加人性化地展现当前的天气内容。

12.6.2 配色分析

本案例中的配色以黑色背景作为控件的背景，控件中的颜色以白色和青蓝色作为整体的主色，配上日期和天气的黑色与白色，会让界面看起来十分的素雅，钟表中的秒针以红色作为点缀，红色更加吸引目光，让浏览者有一种时间在不断行走的感觉，如图12-70所示。

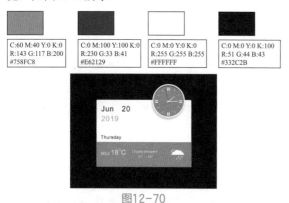

C:60 M:40 Y:0 K:0
R:143 G:117 B:200
#758FC8
C:0 M:100 Y:100 K:0
R:230 G:33 B:41
#E62129
C:0 M:0 Y:0 K:0
R:255 G:255 B:255
#FFFFFF
C:0 M:0 Y:0 K:100
R:51 G:44 B:43
#332C2B
Jun 20
2019
Thursday

图12-70

12.6.3 构图布局

本案例中的手机天气控件在布局以上下结构作为整体的布局，白蓝两种颜色把整体进行了划分，可以让控件的功能更方便地体现出来，如图12-71所示。

表
日期
天气

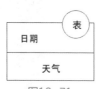

图12-71

12.6.4 使用CorelDRAW制作手机天气控件

■ 制作流程

本案例主要利用“矩形工具”□绘制圆角矩形，使用“文本工具”字输入文字，通过“插入字符”泊坞窗插入天气字符，通过“旋转”变换制作钟表刻度，再通过“阴影工具”□为钟表添加阴影，具体操作流程如图12-72所示。

Jun 20
2019
Thursday
MDJ 18°C

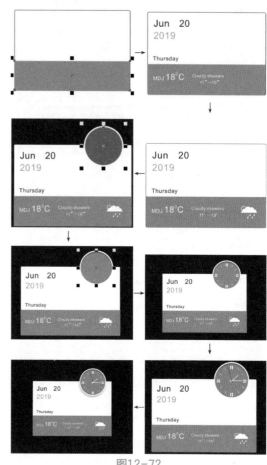

图12-72

■ 技术要点

- 绘制圆角矩形；
- 输入文字；
- 插入字符；
- 旋转变换；
- 添加阴影。

■ 操作步骤

日期与天气区域的制作

01 启动CorelDRAW X8软件，新建一个空白文档。使用“矩形工具”□在页面中绘制一个矩形，在属性栏中设置“转角半径”均为2.0mm，如图12-73所示。

02 再使用“矩形工具”□绘制一个青蓝色的矩形，效果如图12-74所示。

03 使用“文本工具”字分别输入日期的文本和天气的文本，如图12-75所示。

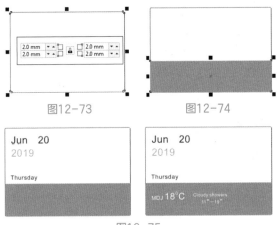

图12-73　　　　　　　图12-74

Jun 20
2019

Thursday

Jun 20
2019

Thursday

图12-75

④ 执行菜单"文本|插入字符"命令，打开"插入字符"泊坞窗，在其中选择一个天气的字符，如图12-76所示。

⑤ 将选择的字符直接拖曳到文档中，调整大小和位置后将其填充为白色。此时，日期与天气区域制作完成，效果如图12-77所示。

图12-76　　　　　　　图12-77

钟表的制作

① 使用"矩形工具"□绘制一个黑色的矩形，按Shift+PgDn组合键将其调整到最后一层，如图12-78所示。

② 使用"椭圆形工具"○绘制一个"轮廓宽度"为2.0mm的深蓝色正圆形，效果如图12-79所示。

图12-78　　　　　　　图12-79

③ 复制一个正圆形，拖动控制点将其缩小，填充为青蓝色并去掉轮廓，效果如图12-80所示。

④ 使用"矩形工具"□绘制两个白色矩形，选择两个矩形按Ctrl+G组合键将其进行组合，效果如图12-81所示。

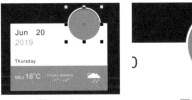

图12-80　　　　　　　图12-81

⑤ 双击选择的矩形，调出旋转中心点并将其移动到钟表的中间，如图12-82所示。

⑥ 执行菜单"对象|变换|旋转"命令，打开"变换"泊坞窗，设置角度为90度，再单击"应用"按钮3次，效果如图12-83所示。

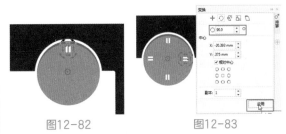

图12-82　　　　　　　图12-83

⑦ 使用同样的方法制作出钟表上的其他刻度，如图12-84所示。

图12-84

⑧ 使用"手绘工具"┗绘制白色的时针和分针以及红色秒针，如图12-85所示。

图12-85

⑨ 使用"椭圆形工具"○绘制白色的正圆形作为表针的旋转轴，如图12-86所示。

⑩ 使用"阴影工具"□为钟表制作投影，设置"阴影的不透明度"为24、"阴影羽化"为9，如图12-87所示。

图12-86

图12-87

11 至此，本案例制作完成，效果如图12-88所示。

图12-88

★ ★ ★ ★

12.7 优秀作品欣赏

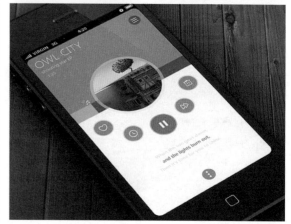